成长必读百科系列丛书

全彩升级版

奇妙人体百科

李　津◎主编

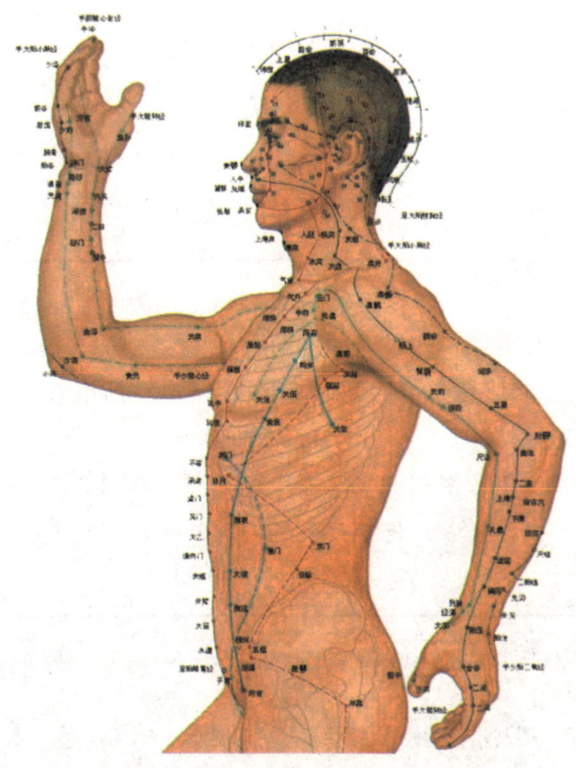

京华出版社　全国百佳出版社　中央编译出版社 Central Compilation & Translation Press

图书在版编目（CIP）数据

奇妙人体百科 / 李津编著 .—北京：北京联合出版公司，2010.11
（2017.7 重印）

ISBN 978-7-5502-0017-3

Ⅰ . ①奇…　Ⅱ . ①李…　Ⅲ . ①人体 – 普及读物　Ⅳ . ① R32-49

中国版本图书馆 CIP 数据核字（2010）第 192743 号

奇妙人体百科

编　　著： 李　津
责任编辑： 李　征
封面设计： 思想工社

北京联合出版公司出版
（北京市西城区德外大街 83 号楼 9 层　100088）
永清县晔盛亚胶印有限公司印刷　新华书店经销
字数 200 千字　710mmx1000mm　1/16　12 印张
2013 年 8 月第 2 版　2017 年 7 月第 2 次印刷
ISBN 978-7-5502-0017-3
定　价：49.80 元

前言

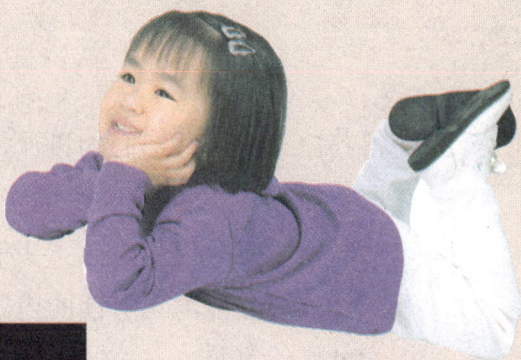

眼睛鼻子红嘴巴，耳朵头发小指甲……人体的每一处原来都藏着秘密，人体是世界上最奇妙的“机器”。近些年来人类在医学、科学等各个领域取得了很大的进步，开启了人们破解人体谜题的大门。打开本书，让孩子们亲自领略人体的小秘密和健康的小魔法，在快乐的阅读和不断的发现中，让未来的花朵健康绽放。

为了提高小朋友的阅读兴趣，让具有一定独立阅读能力的小朋友都可以轻松自如地阅读它，该书采用通俗而适于小读者阅读习惯的语言。小朋友对这个神奇的世界有着自己不同的看法，为此我们特设“人体小谜语”栏目，借此训练孩子动脑的习惯和培养孩子的探索精神；“科普乐园”栏目可以帮助孩子增长更多的科学知识，扩大他们的阅读视野。繁重超负荷的阅读，只会让他们的大脑变得苍白。而这些细心的设计，可以帮助孩子在轻松阅读的同时，获取更多实用的知识，使这些知识能真正留在他们的记忆中。所以，一定不能只为了给孩子买书而买书，更重要的是让他们认真阅读这些书，慢慢消化所读的内容，以便用知识武装头脑，用智慧去探索世界的奥秘。

本书将人体“从头到脚”、“从里到外”那些看得见的、看不见的神奇一一进行剖析：为什么眼睛看得见？为什么鼻子会呼吸？心脏一直在跳吗？人可不可以不睡觉……这些稀奇古怪的问题，一定经常溜进孩子的脑海里。那就赶快让孩子阅读本书，开始探秘吧！

通过阅读本书，小读者能真正地了解自己的身体结构、健康状况等各方面的内容，多方面充实小朋友的知识储备，提高知识的含量。我们也欢迎广大小读者对此书提出宝贵的意见。

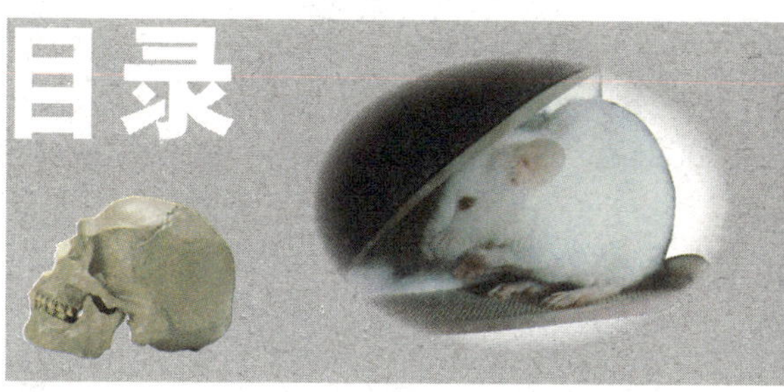

目录

第一章 生命的奥秘

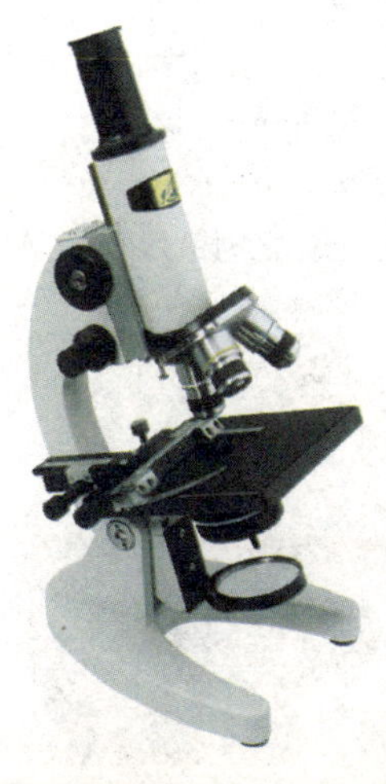

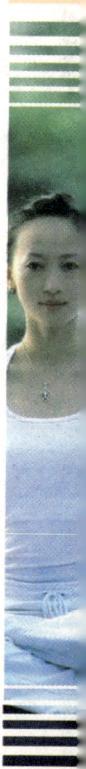

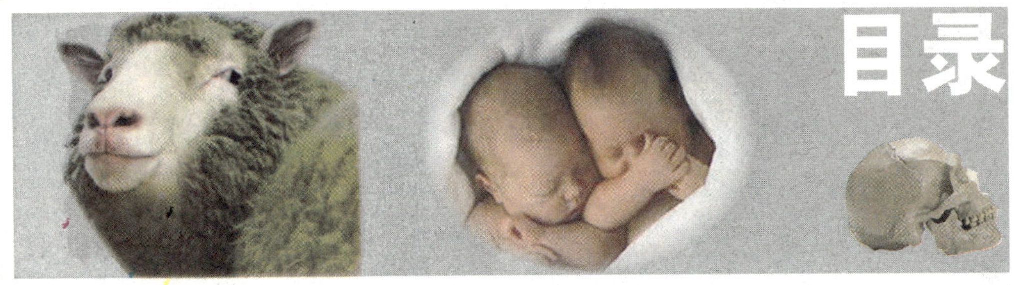

目录

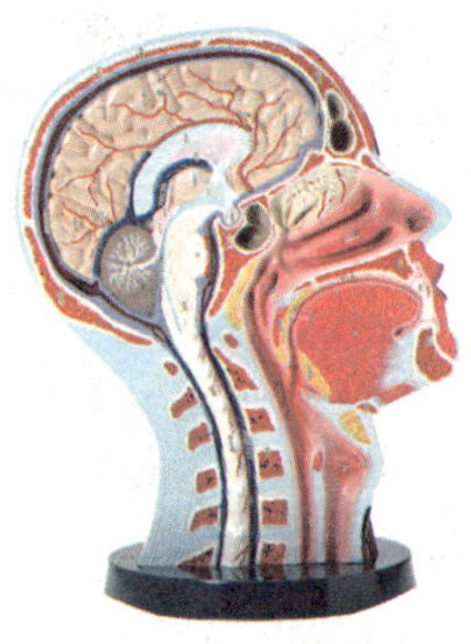

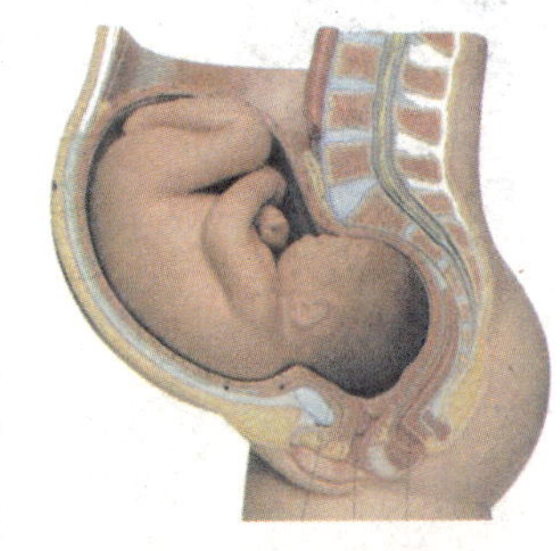

目录

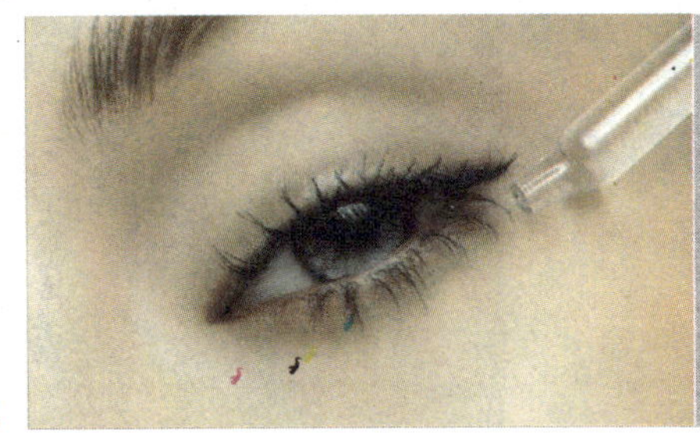

目录

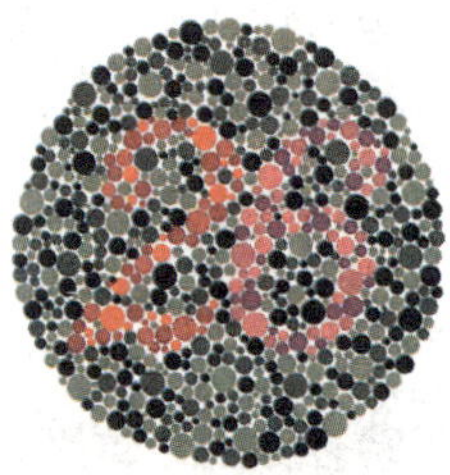

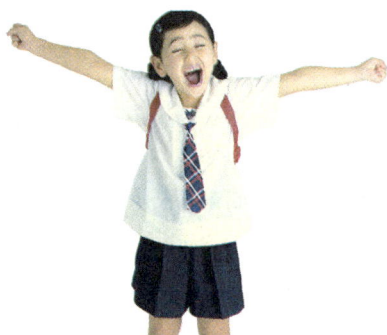

目录

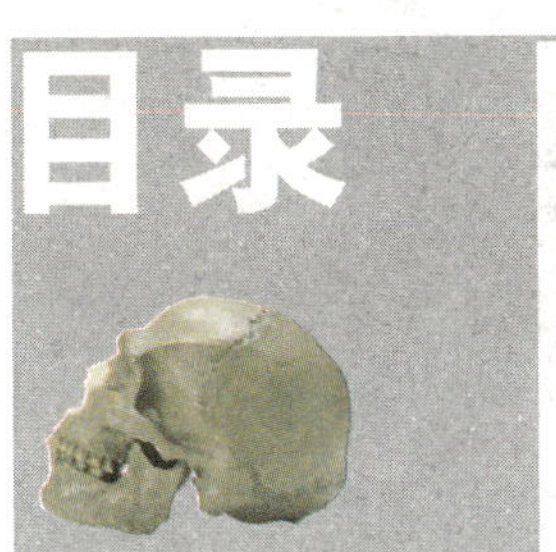
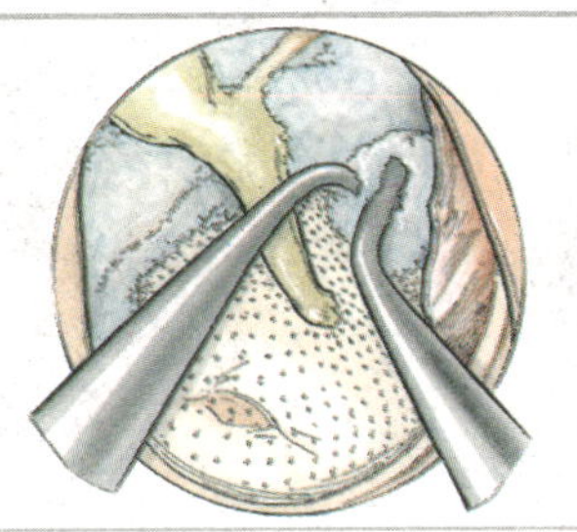
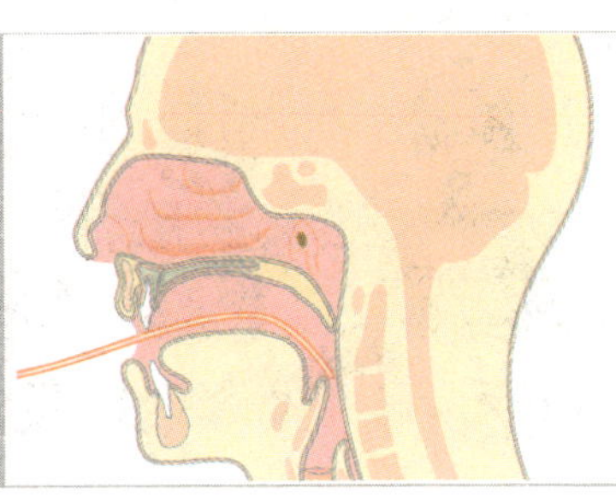

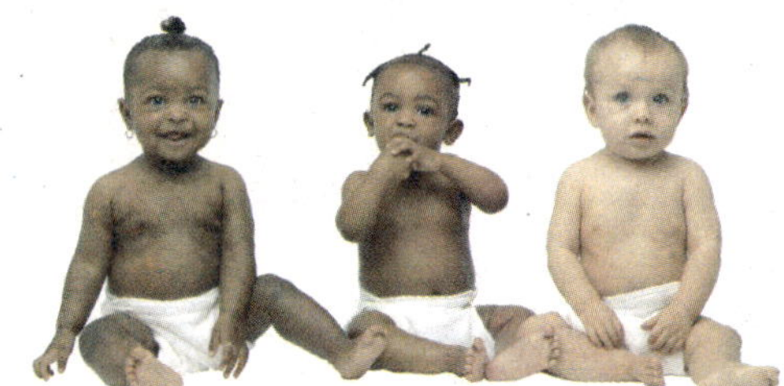

目录

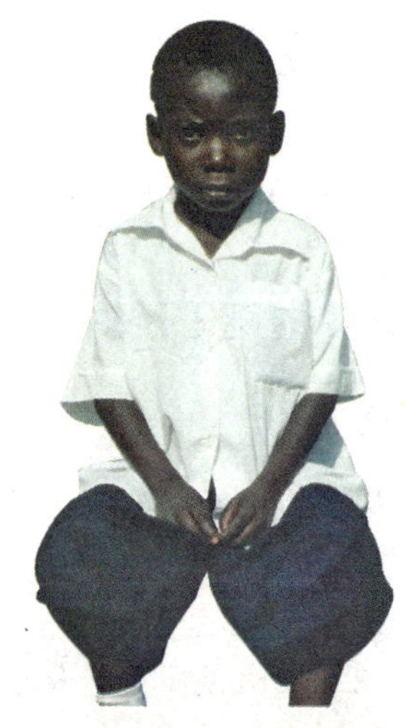

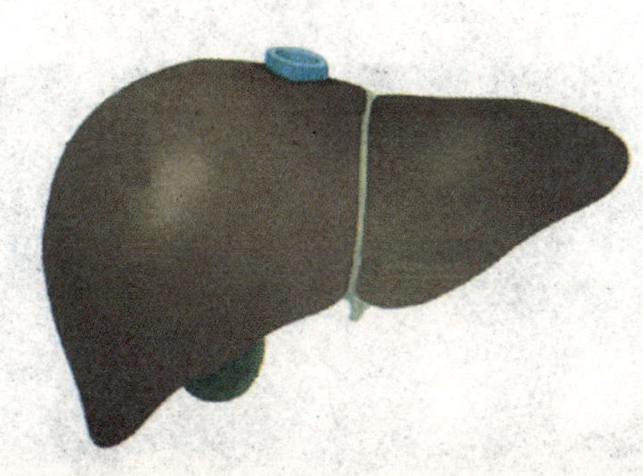

第四章 人体的四肢

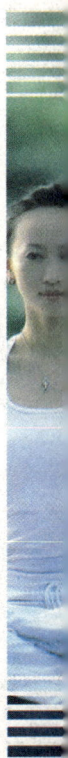

目录

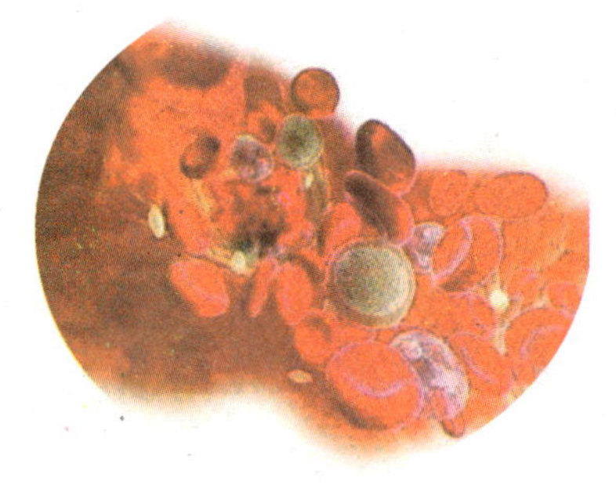

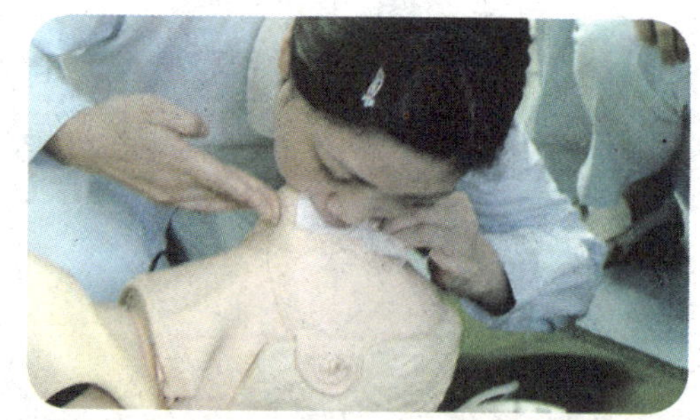

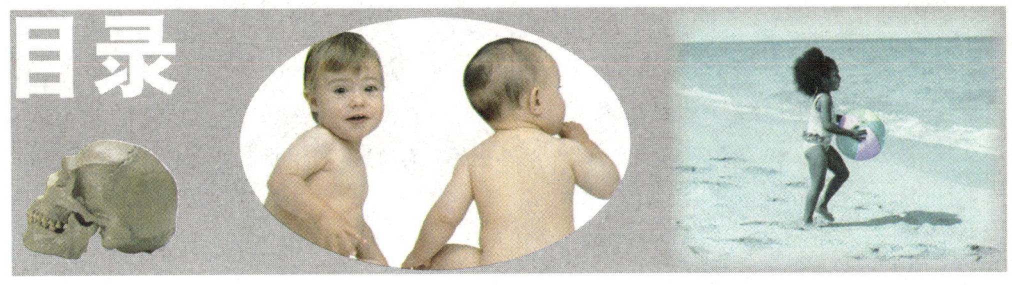

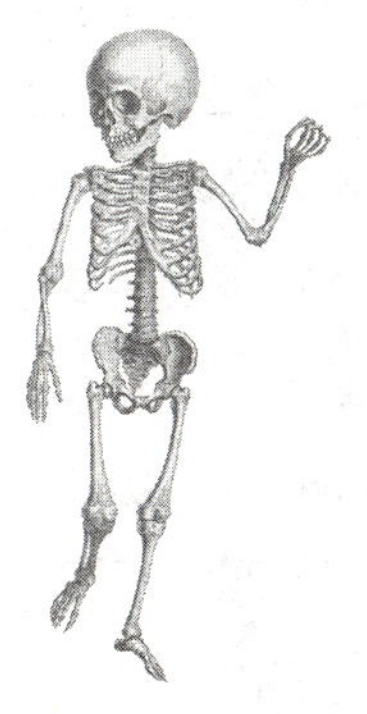

第六章 人体护理与保健

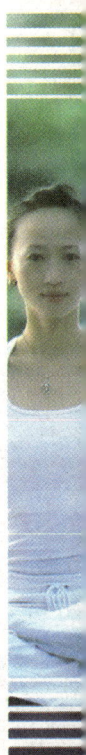

目录

目录

第七章 健康有益的运动

第八章 先进的医学及其常见疾病

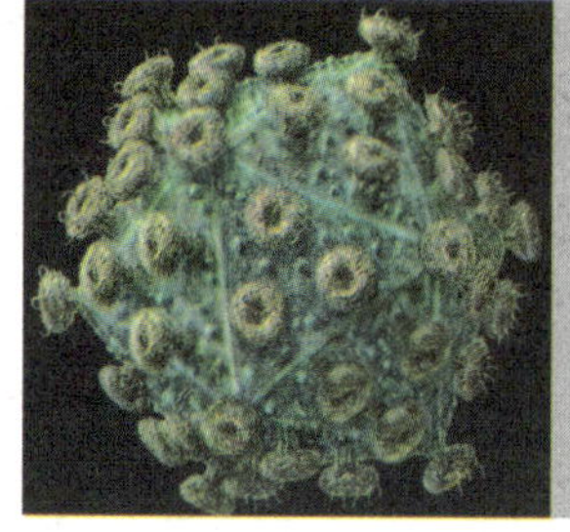

目录

第一章

生命的奥秘

ShengmingDeAomi

著名科学家钱学森指出："对人体科学的深入研究，必将充分改变人类认识与改造自然的能力，造福人类。这可能导致一场21世纪新的科学革命，也许是比20世纪初的量子力学，相对论更大的科学革命，一定会招来第二次文艺复兴，是人类历史的再次飞跃。"

生命是怎样诞生的

原始的地球

40亿年前，地球上形成了原始的海洋，当时，海水的温度很高，随着水温的逐渐下降，生命的诞生才具备了必要的外部条件。不过，大气的情况依然很糟糕，空气中几乎没有氧，这样，最早出现的原始生命只能是不需要氧气的厌氧性生物。而且，由于缺乏氧气，地球上空不可能形成臭氧层，离开了臭氧层的阻挡，紫外线威胁着脆弱的生命，于是，原始的生命只好龟缩在十几米甚至几十米深的海中生活。

原核生物的出现

大约在38亿年前至35亿年前，地球上出现了细菌和蓝绿藻等原核生物。由于蓝绿藻能进行光合作用而释放氧气，因此大气中逐渐有了氧气。

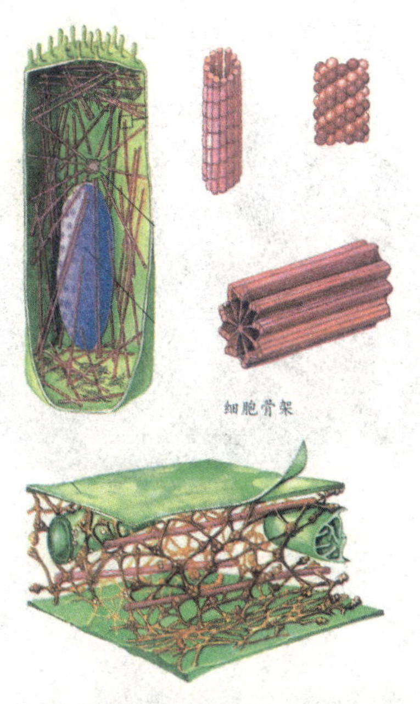

细胞骨架

真核生物的出现

大约距今19亿年前至12亿年前，地球上出现了具有细胞核、叶绿体和线粒体的真核细胞，它们能进行光合作用。

爬行动物

爬行动物的头骨和四肢骨的形态构造和生理机能更能适应陆地生活。

哺乳动物

原始的哺乳动物经过漫长的进化，体外长出了皮毛，皮下脂肪组织保持体温，而且汗腺能蒸发散热。

手的转变

多数树鼩由于拇指同其他指不相对，所以抓不住东西。灵长类的手能够抓住东西。古猿的手指较长，拇指能和其余四指相对，是动物界最灵巧的手。而人类的手不仅可以抓住东西，制造工具，还能做出各种手势。

人类的诞生

整个动物界的发展都为人类的诞生做了充分的准备。而最终促使猿脱离动物状态而诞生人类的关键是劳动，这使得手的进化和语言的进化成为可能。

什么是基因

“遗传因子”是怎样定义的

基因，是指携带有遗传信息的DNA或RNA序列，也称为遗传因子，是控制性状的基本遗传单位。基因通过指导蛋白质的合成来表达自己所携带的遗传信息，从而控制生物个体的性状表现。

基因有两个特点，一是能忠实地复制自己，以保持生物的基本特征；二是基因能够“突变”，突变绝大多数会导致疾病，另外的一小部分是非致病突变。非致病突变给自然选择带来了原始材料，使生物可以在自然选择中被选择出最适合自然的个体。

基因被发现之谜

1866年，奥地利神甫孟德尔通过豌豆的杂交实验，发现花的颜色的遗传变化是有规律的，推测出这是遗传因子起作用的结果，人们把这个遗传因子叫做基因。后来美国生物学家摩尔用果蝇做杂交实验，证明了基因是在细胞核的染色体上。接着，科学家们发现了染色体中的DNA分子，沃森和克里克发现了DNA双螺旋结构。随后人们弄清DNA上面有许多基因，就是它控制着花的颜色、人的血型等生物的特征。

孟德尔（奥地利）
1822——1884

最早提出遗传因子理论
现代遗传学奠基人

基因为什么会变异

基因变异是指基因组DNA分子发生的突然的可遗传的变异。从分子水平上看，基因变异是指基因在结构上发生碱基对组成或排列顺序的改变。基因虽然十分稳定，能在细胞分裂时精确地复制自己，但这种隐定性是相对的。在一定的条件下基因也可以从原来的存在形式突然改变成另一种新的存在形式，就是在一个位点上，突然出现了一个新基因，代替了原有基因，这个基因叫做变异基因。于是后代的表现中也就突然地出现祖先从未有过的新性状。例如英国女王维多利亚家族在她以前没有发现过血友病的病人，但是她的一个儿子患了血友病，成了她家族中第一个患血友病的成员。后来，又在她的外孙中出现了几个血友病病人。很显然，在她的父亲或母亲中产生了一个血友病基因的突变。这个突变基因传给了她，而她是杂合子，所以表现型仍是正常的，但却通过她传给了她的儿子。基因变异的后果除如上所述形成致病基因引起遗传病外，还可造成死胎、自然流产和出生后夭折等，称为致死性突变；当然也可能对人体并无影响，仅仅造成正常人体间的遗传学差异；甚至可能给个体的生存带来一定的好处。

科普乐园
科学家曾预测人类的基因总数是10万个，而实际预算发现只有3～4万个。这个数字只不过是大肠杆菌的10倍。酵母菌的4倍，果蝇的2倍。1990年10月，国际人类基因组计划启动，这是生命科学的“阿波罗登月计划”——测定人体23对染色体上的32亿个碱基对序列。我国1999年获准加入，参加了其中1%测序任务，2001年2月12日由美国、英国、法国、日本、德国及中国六个国家科学家共同宣布，人类基因组草图已基本完成。这将给人类进一步了解自身秘密，攻克各种疑难顽症提供极大的帮助。

细胞是怎样组成的

细胞的形状

所有生物体都由称为细胞的微小单位构成，细胞大小不一，通常只有0.01厘米上下。最简单的生物是个单细胞体，例如细菌，人的身体却包含50多万亿个细胞。

1665年，英国自然科学家胡克利用显微镜观察软木薄片，看到许多互相紧靠的微小隔室，宛如修道院里修士住的一间间小室，那些就是细胞。后来生物学家发现，细胞是生物体共同的基本结构。动、植物体内的细胞各司其职，分工合作，使生物体发挥功能。每个细胞是微小的生物单位，会摄食、呼吸、增殖；收到其他细胞的信息会有反应，本身也可发出信息。科学家怎样知道细胞的内部结构呢？一般用胭脂红、结晶紫等染色剂把细胞的各部分染色，再用显微镜观察。细胞种类繁多，但是有共同的特征：中央的细胞核周围是液体，称为细胞质，液内又有一些其他物质。整个细胞由细胞膜包裹。

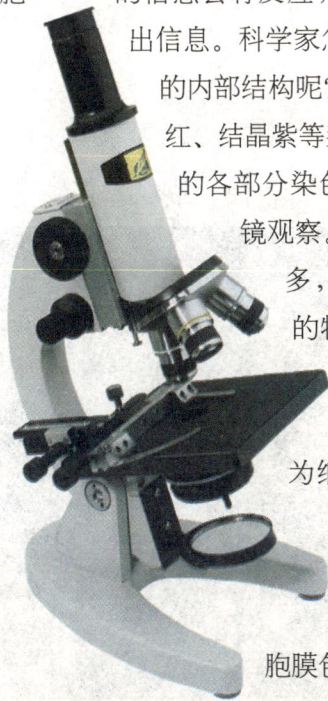

什么是干细胞

干细胞是具有自我复制和多向分化潜能的原始细胞，是机体的起源细胞，是形成人体各种组织器官的原始细胞。

什么是造血干细胞

造血干细胞是所有造血细胞和免疫细胞的起源细胞，具有自我更新、多向分化和归巢潜能。造血干细胞主要存在于骨髓、胚胎肝、脐带血以及动员的外周血中。它不仅可以分化为红细胞、白细胞、血小板，还可跨系统分化为各种组织器官的细胞，因此是多功能干细胞。

什么是脐带血干细胞

脐带血是指新生婴儿脐带被结扎后存留在脐带和胎盘中的血液。虽然每个婴儿脐带中只有少量的血，但这些血液中含有大量的干细胞，是成体干细胞

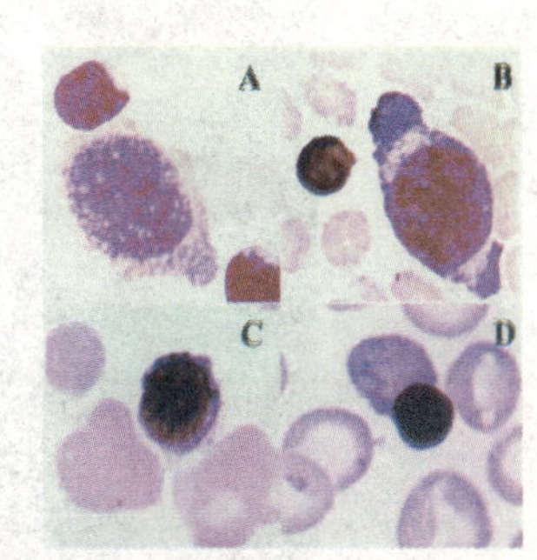

的主要来源之一。与骨髓干细胞和外周血干细胞相比，新生儿脐带血干细胞的异体排斥反应小，免疫原性低，再生能力和速度是前者的10～20倍。

干细胞有哪些伟大的作用

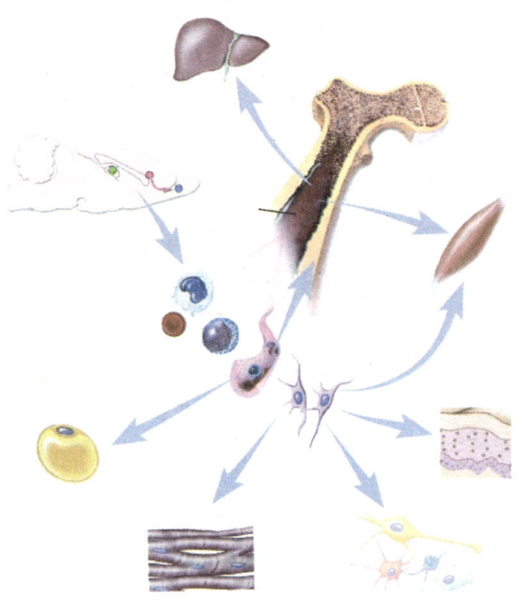

我们的身体是由许许多多细胞构成的，这些细胞又是由胚胎细胞经过不断地分裂、增殖，慢慢长出头、躯干和四肢，长出神经、心脏、肝脏等器官。我们又都是从一个细胞——受精卵长成的，这个受精卵分裂成多个细胞，构成胚胎，胚胎细胞是原始细胞，是所有细胞的源泉和主干，所以称为干细胞，人们用它做种子，培育出各种器官。另外干细胞技术可以治疗肝病、糖尿病、白血病等疾病，人们用它解决了许多医学难题。

是什么构成了生命的蓝图

1869年，医学研究生、瑞士青年米歇尔，正在德国一家医学院实验室里，清洗一大堆沾满脓血的绷带，他将这些脓细胞收集起来，进行研究，发现了核糖核酸这种遗传物质。后来人们发现，从病毒细菌到大型的哺乳动物，直到人类，都有核酸这种遗传物质，正是它勾勒出生命的蓝图。

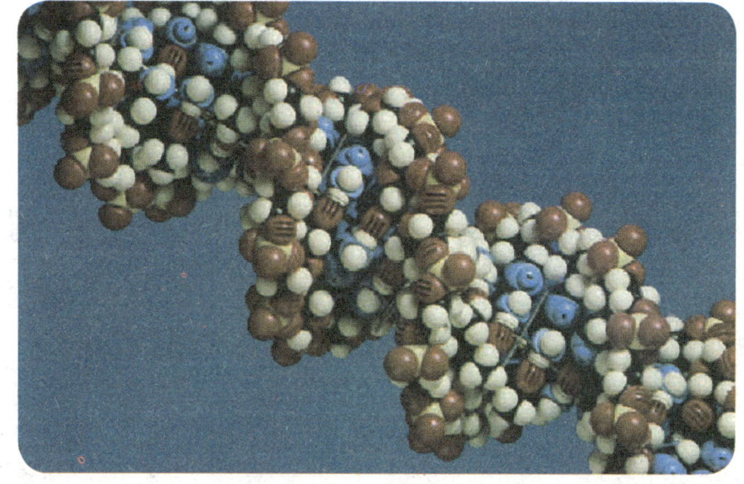

血型有哪些分类

血型分为几类

血型是指血细胞膜上特异性抗原的类型。红细胞、白细胞、血小板、组织细胞等都有血型。通常指的血型是红细胞血型。

红细胞血型包括：ABO、Rh、MNS(S)、P等。ABO血型中根据A、B抗原的有无分成A、B、AB、O型四种。Rh血型分Rh阴性血型和Rh阳性血型，我国汉族人群中Rh阴性者不到1%，少数民族Rh阴性血型较多。

奇妙人体百科

血型是由什么决定的

我们的血细胞上的蛋白质不同，它是由染色体上的一对基因控制的。控制血型基因的染色体，一个来自于父亲，另一个来自于母亲。

父亲血型血	母亲血型	子女可能血型	子女不可能血型
A	A	A、0	B、AB
A	0	A、0	B、AB
A	B	A、B、AB、0	
A	AB	A、B、AB	0
B	B	B、0	A、AB
B	AB	A、B、AB	0
B	0	B、0	A、AB
AB	0	A、B	AB、0
AB	AB	A、B、AB	0
0	0	0	A、B、AB
0	A	0、A	B、AB
0	B	0、B	A、AB
0	AB	A、B	0、AB

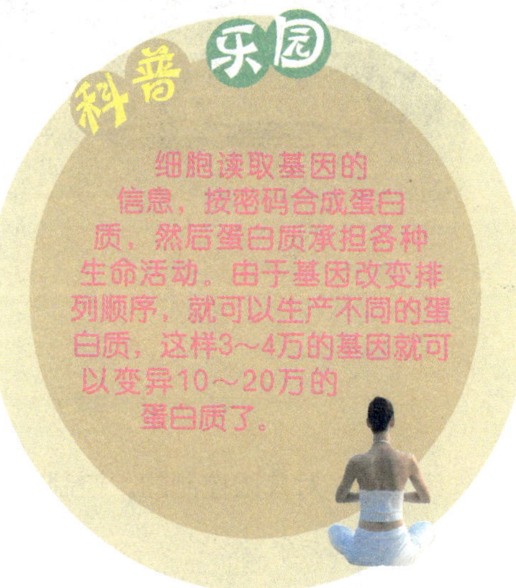

科普乐园
细胞读取基因的信息，按密码合成蛋白质，然后蛋白质承担各种生命活动。由于基因改变排列顺序，就可以生产不同的蛋白质，这样3～4万的基因就可以变异10～20万的蛋白质了。

什么是克隆

克隆的定义

克隆是英文clone的音译，就是不经过精子和卵细胞结合，而是从身体中取出细胞，让它不断分裂，有一个细胞变成两个，两个变成四个，直到发育成新个体或细胞群，因为新个体或细胞群保留了亲代的全部基因，所以与亲代一模一样，这种通过身体细胞获得新个体的方法就是克隆。

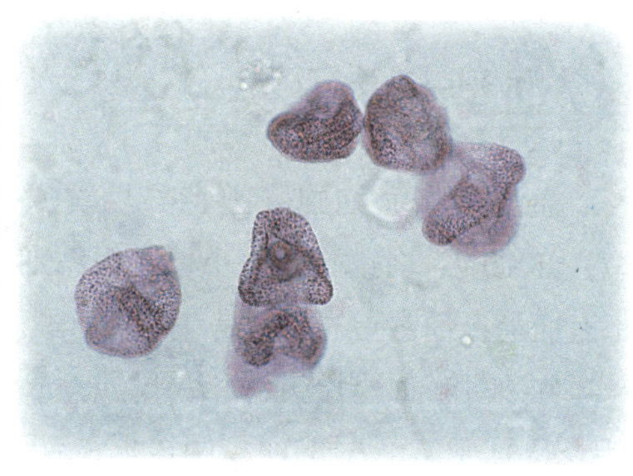

“多利”羊的诞生

1996年8月在英国出生了世界上第一头克隆绵羊多利。多利羊是怎样来到这个世界上的呢？

科学家取出黑脸绵羊的卵细胞，去掉细胞核，把白绵羊的身体细胞中的细胞核放进去，构成新的卵细胞，把它放在另一只黑脸绵羊的子宫中，长成胚胎后取出，又转移到第三只黑脸绵羊的子宫中，发育成克隆绵羊多利。多利长得不像“代孕的妈妈”黑脸绵羊，而跟提供细胞核的白绵羊长得一模一样。

胎儿需要怎样的生存环境

生命的延续

女性在成年后，每个月都会定期排出一个卵细胞，称为卵子。如果这个卵细胞能与男性的精子细胞成功结合，就会成为受精卵。这个完整的受精卵在母亲的腹中生长发育，9个月后，婴儿就出生了，生命就是这样不断地延续着。

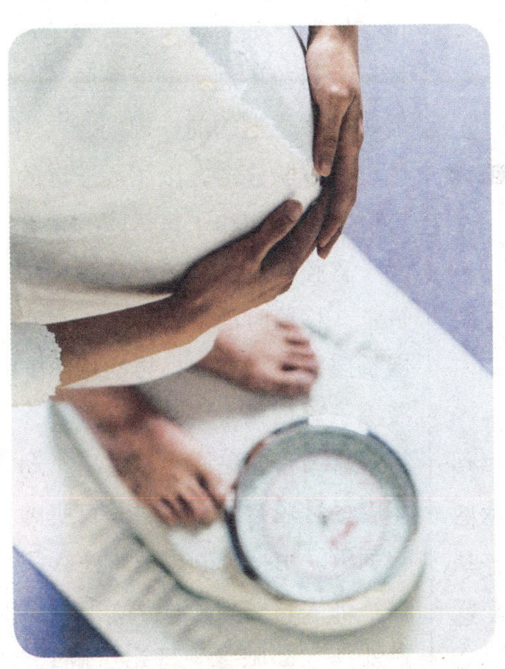

在妈妈肚子里呼吸

胎儿在出生前要在妈妈的肚子里“生活”9～10个月。在此期间，胎盘通过脐带连着胎儿的身体，给胎儿提供营养及氧气，吸收胎儿所产生的废物。胎盘还是一个防御有害物质入侵的屏障呢。

呱呱坠地

婴儿刚生下来时，通常会声音响亮地大哭不止。这是因为婴儿一出子宫，之前和母体相连的部分被断开了，没有母体为其提供氧气，婴儿就迫切地需要空气进行呼吸。

第一声啼哭

据研究，新生儿吸第一口气所用的力，要比平常呼吸所用的力大4倍。健康的新生儿大多在出生后几秒钟内就会吸气，有时甚至在脐带切断之前就会呼吸。小宝宝的第一声啼哭，实际上就是他们呼出的第一口气。

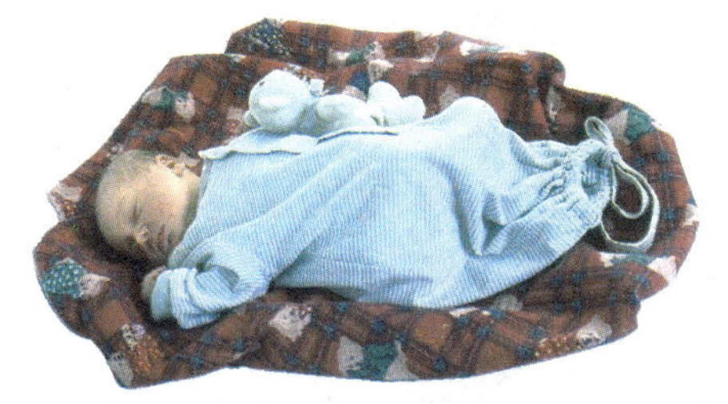

什么是“试管婴儿”

“试管婴儿”的原理

“试管婴儿”是让精子和卵子在试管中结合而成为受精卵，然后再把它（在体外受精的新的小生命）送回女方的子宫里（胚卵移植术），让其在子宫腔里发育成熟，与正常受孕妇女一样，怀孕到足月，正常分娩出婴儿。这一技术的产生给那些可以产生正常精子、卵子但由于某些原因却无法生育的夫妇带来了福音，现在这一技术已在我国一些地方开展。

“试管婴儿”要在试管里“住”多久

卵子取出后，与精子在试管内共同孵育，每个卵子约需10万条精子。受精后，受精卵分裂形成早期胚胎，即2～8个分裂球时即可进行胚胎移植（ET），此时约在采卵后48小时，此时间也可根据具体情况稍加以变动，如推后一天，这时也可能更利于优选胚胎。如果过早，宫腔内环境反而可能不利于接受胚胎。一般在刺激周期的前一周期，在门诊进行试验移植，以了解子宫的方位，子宫颈和子宫体间的角度及子宫腔长度，并对子宫颈稍加扩张。移植时消毒外阴后，窥阴器暴露宫颈，擦净，再次用培养液擦子宫颈和穹窿及子宫颈管，将子宫颈管内黏液尽量去净。动作应尽量轻柔以减少对子宫肌肉的刺激。用特殊的移植管注入胚胎。进入宫腔，于距宫底0.5厘米处注入胚胎，等待1分钟后，将头转动90°以甩掉未能滴下的一滴液体，再将导管缓慢撤出。导管取出后还要在显微镜下检查胚胎是否带出。移植后患者可以仰卧，臀部抬高，子宫很前屈者也可采取俯卧位，目的是使注入的胚胎停留在子宫腔的上方。静卧约3～6小时，可以排尿，避免尿液滞留。移植当日注射HCG5000mIU／ml及黄体酮30毫克以后常规每日注射黄体酮，如14天后尿HCG阴性即停止注射，妊娠者继续直到B超可见胎心后再逐步减量。对卵泡过多，可能致成卵巢过度刺激综合征者，不宜用HCG。

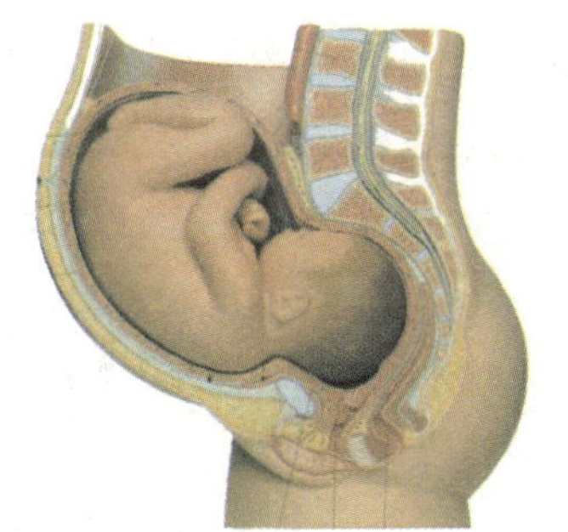

什么是返祖现象

返祖的特征

返祖现象是一种不太常见的生物“退化”现象。例如一生下来身上就长满毛发的毛孩，就是一种人类毛发组织器官的返祖“退化”现象，还有天生耳朵会转动的人，可归类为神经系统的返祖“退化”现象，以及天生长有尾巴的人，可归为退化器官的返祖“退化”现象，由此可见，返祖现象显现的部位具有不确定性。以此类推，人类的其它器官功能也不能排除会出现返祖“退化”现象。

返祖的实例

1997年9月30日，辽宁省南部一个农村，降生了一个遍体长毛的孩子。这个毛孩的父母都没有多毛的特征，因此他可能是基因突变后，产生多毛特征这种返祖现象的。

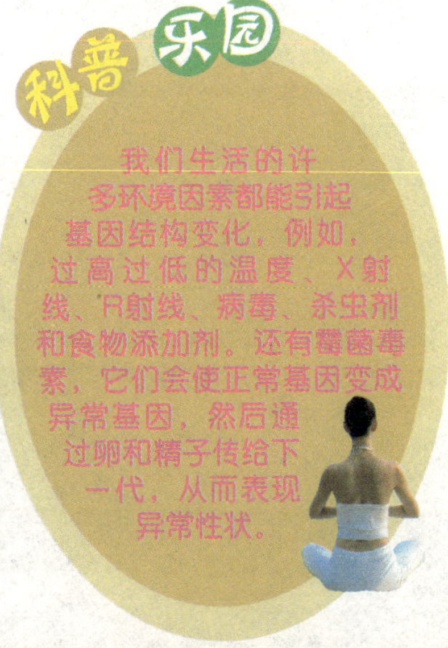

科普乐园
我们生活的许多环境因素都能引起基因结构变化，例如，过高过低的温度、X射线、R射线、病毒、杀虫剂和食物添加剂。还有霉菌毒素，它们会使正常基因变成异常基因，然后通过卵和精子传给下一代，从而表现异常性状。

第二章

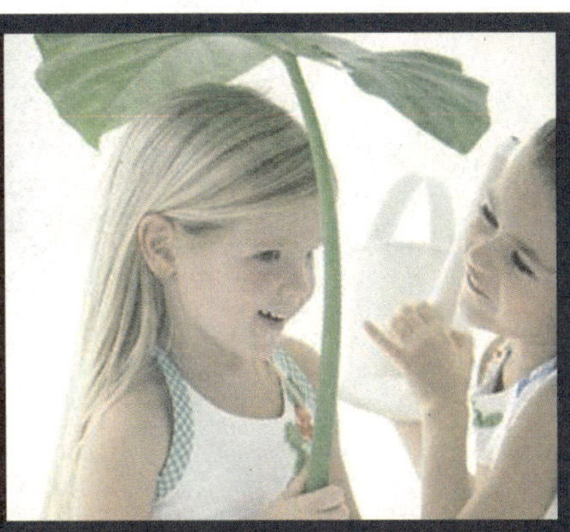

人体的头、颈部器官

RentiDeTou JingbuQiguan

脑是人体的总司令部。人脑是人体活动的控制中心，人体的运动、语言等，都是在脑的控制下进行的。这些功能是通过与之相连的12对脑神经及由脊髓向外分出的31对脊神经，与人体所有的组织器官相联系，经过复杂的神经传导，好像“程控交换器”一样，来管理和支配人体的一切活动。

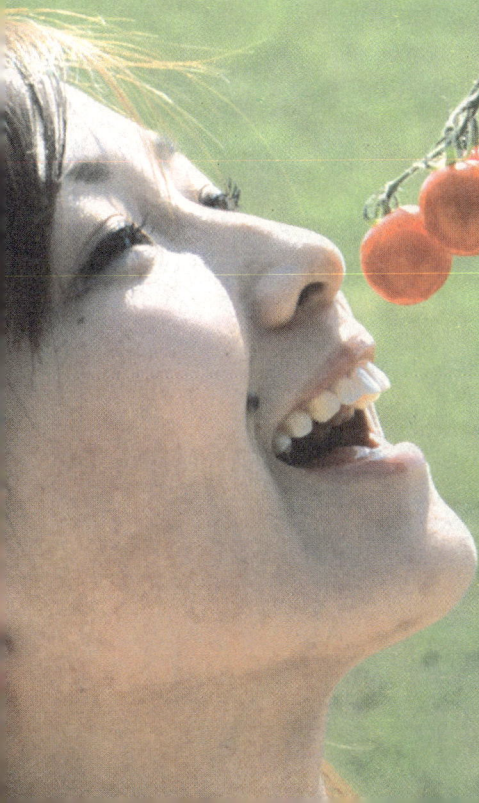

人头可以互换吗

现在，人类已经掌握了不少器官的更换技术，而且移植的成功率越来越高，成活时间也越来越长。

于是，难免有人会想，能不能把人的头进行移植和互换呢？换头这个想法虽然很好，也很大胆，但要实现则困难重重。因为头是人类最复杂的器官，移植难度极大。另外，换头还会带来社会问题，换了头的人，他的思想还会是他自己的吗！

1959年，一位医生在莫斯科进行了给狗换头的手术，将一只狗头接到另一只狗头旁，结果这只双头狗活了22天。

就目前的科学水平而言，还不能成功地解决人类的“换头”问题。还有的专家认为，人类互换头颅是根本不可能的。因为人体的神经纤维生长极慢，神经对位也极端困难，要想实现头颅成功移植是极端困难的。

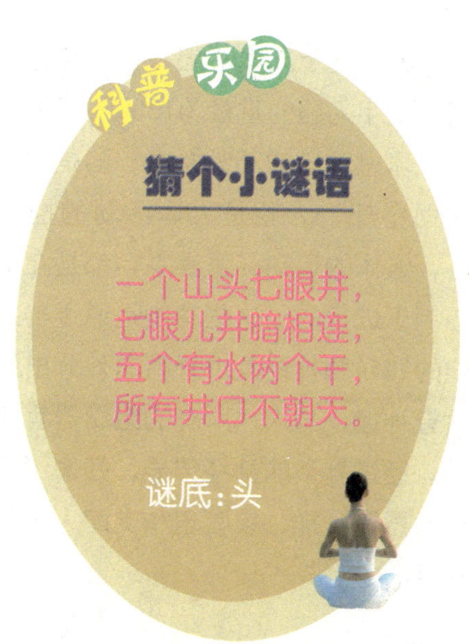

科普乐园
猜个小谜语
一个山头七眼井，
七眼儿井暗相连，
五个有水两个干，
所有井口不朝天。
谜底：头

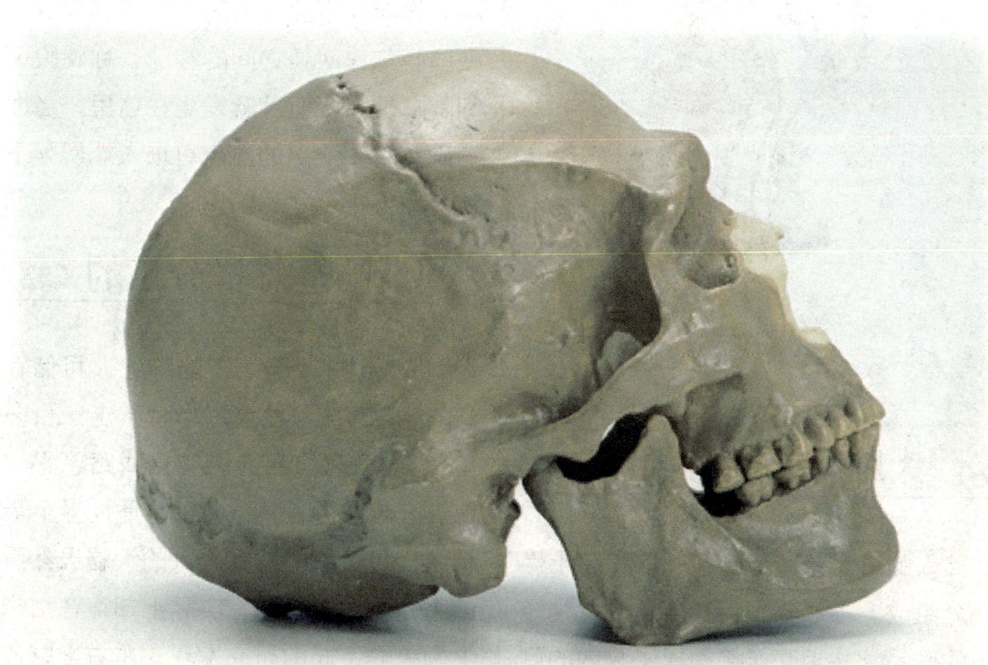

为什么脑是人体的指挥中心

身体靠大脑指挥

脑，位于人体头部，在颅腔之内。正常成年人脑的重量为1300～1500克，占人体总重量的25%左右。脑是人体的总司令部。人脑是人体活动的控制中心，人体的运动、语言等，都是在脑的控制下进行的。这些功能是通过与之相连的12对脑神经及由脊髓向外分出的31对脊神经，与人体所有的组织器官相联系，经过复杂的神经传导，好像“程控交换器”一样，来管理和支配人体的一切活动。

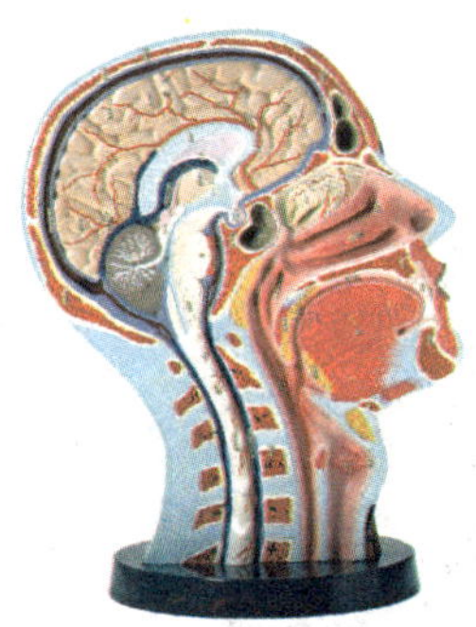

大脑有几部分组成

人脑由大脑、小脑、间脑和脑干等部分组成。各部分间存在着解剖及神经上的联系，并相互连接构成了脑内的侧脑室、第三脑室和第四脑室。脑室内充满了脑脊液。

人脑各部分在颅腔之内，它与颅骨

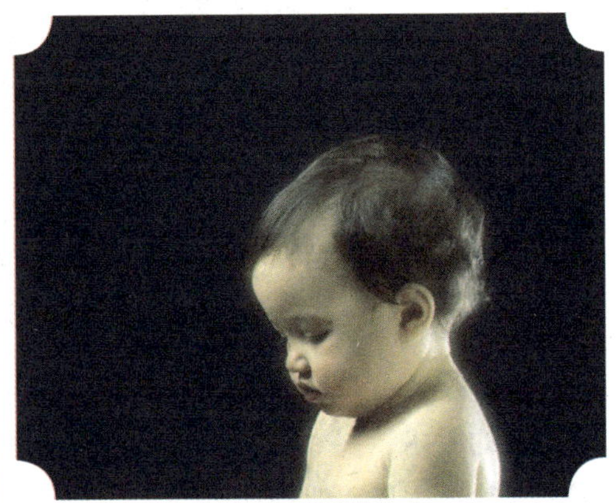

之间有三层隔膜：紧贴脑组织的膜是软脑膜，再一层是蛛网膜，紧贴颅骨的是硬脑膜。软脑膜与蛛网膜之间的腔隙，称为蛛网膜下腔，其间充满了脑脊液。硬脑膜与蛛网膜之间的腔隙，称硬膜下间隙，硬膜下血肿就发生在这里。当血管破裂时，流出的血液可进入蛛网膜下腔，称为蛛网膜下腔出血。

大脑是怎样分工的

人脑中有2千亿个脑细胞、可储存1千亿条讯息，思想每小时游走三百多里、拥有超过1百兆的交错线路、平均每24小时产生4千种思想，是世界上最精密、最灵敏的器官。人的大脑虽然看起来是左右对称的，实际上却存在结构上的差异。此前研究发现，左右半脑各司其职，比如左半脑负责语言功能，而右半脑解决空间问题。

大脑为什么会记忆

背课文、记公式常常让我们头疼，很多人都埋怨自己记忆力不好。其实我们大脑的记忆容量很大，相当于5亿本书的知识总量，而实际上，人脑90%的潜力未开发出来。科学家发现，脑中蛋白质——克列伯影响我们的记忆，脑中克列伯越多，记忆力就越好。当然，如果背课文时注意力集中，并且保持轻松自然的心情，相信自己一定能记住，而且会记得又快又牢。

聪明的大脑是由什么决定的

大脑真的越用越灵活吗

虽然大脑在短期记忆后，再对其进行刺激会形成一定抵抗，但是稍作休息就能很快恢复记忆能力，而且随着刺激的增加似乎这种恢复能力也在增强；大脑中有两

种受体能够共同发生作用，使得大脑可以无穷无尽地记忆，就像人在学习中掌握规律后会越学越快一样。

脑袋越大就越聪明吗

著名的科学家和文学家的脑的重量差别很大。俄罗斯作家屠格涅夫大脑的重量为2012克，法国作家佛朗斯脑的重量仅为1075克，可是谁能说佛朗斯是个笨人呢？决定一个人的聪明才智，除了先天的遗传因素外，更要靠后天的努力学习和劳动，要靠不断的实践和思考。如果说脑的重量与聪明有某些关系的话，那这种关系也只具有相对的意义。

运动过度脑子会变笨吗

过量运动时，由于人体消耗了大量的能量，为防止能量进一步消耗而出现机能抑制，这时人们会感觉极度疲劳，大脑反应减慢。如果长期进行过量运动，机体的

“保护性抑制”机能敏感性下降，使大脑机能受损，其表现的症状主要有：注意力不集中、失眠、健忘等等，长此以往将会对人体的健康造成极大的伤害。

脑子是怎样被保护起来的

头骨保护着大脑

首先，头骨使脑子与外界分开，保证脑子不会被硬物撞到，不受污染等；另外，脑与头骨之间有脑膜和脑水，使脑不会撞到沟谷，使大脑不受震荡。

大脑和年龄有关系吗

科学家研究发现，人过了20岁，脑细胞每天就要死亡10万个，到了35岁时，就已经

死掉了5亿个脑细胞，到60岁、70岁的时候脑细胞就少了1/10了。人到40岁、50岁的时候，感到记忆力不行，就是脑细胞死亡造成的。但是，脑细胞死亡的结果，不一定就精力不足，想问题慢。我们经常在生活中看到，有的老年人虽然年龄很高，但是身体还是很好，想问题和年轻人一样快。而有些30岁、40岁的人，由于不愿动脑筋，不愿想问题，大脑衰老得就特别快，刚到50岁、60岁，走路就明显比爱动脑筋的人迟缓了。所以，要想自己聪明，就要勤动脑筋，经常想问题。

大脑是怎样识别手和脸的

1892年，由德国医生维尔布兰特首先发现的一种病，引起了医学界的瞩目。患者是位43岁的妇女。在一次脑血栓病发作之后，竟连亲朋好友也认不出，只能依据声音来识别熟人。但是她的视力却是正常的，能够看懂文字，能够正确地认识复杂的图形和颜色。以后，类似的病例又发现了多起。于是，这种病便被定名为“相貌失认症”。据研究，造成这种疾病的原因是：在患者大脑的枕叶的前下方，接近颞叶的部位上，左右半球都发生了病变。而这个部位，正是与对脸的知觉和记忆有关的。

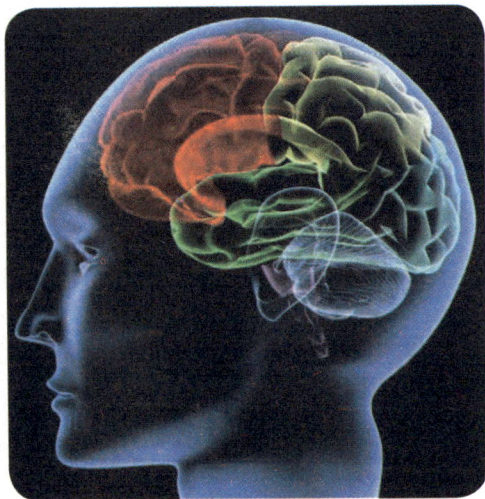

科普乐园
猜个小谜语
站着它在上，
趴着它在前，
发号施令忙。
智慧藏里边。
谜底：脑子

语言中枢在哪里

语言中枢的发现

早在18世纪末，德籍医生加尔等人根据比较解剖学和病理学的零星材料以及某些表面观察，就设想人的各种精神特质，在大脑中都占有一定的位置。他们认为，脑子里有特定的部位负责语言功能。但是，他们并不了解语言中枢究竟在哪里？

此后不久，许多学者纷纷发表文章，支持布洛卡的观点，并把大脑在半球额下回后部称为布洛卡氏区，公认这是人类语言运动中枢的所在地。

语言中枢的分布

语言中枢是否“只此一家，别无分店”呢？1874年，德国神经学家卡尔韦尼克报告了另一种病例：病人能主动说话， 听觉也十分正常，然而奇怪的是，他听不懂别人的话，连自己的话也听不懂。病人死后检查结果，大脑在半球的颞上回有病变。因而，韦尼克推测，这一区域与理解语言有关，是语言感受中枢。后来，一些科学家就把这一部位命名为韦尼克氏区。现在，韦尼克氏区已是大脑半球后部颞，顶叶较广泛的区域。正是布洛卡氏区和韦尼克氏区组成了语言中枢的主要部分。

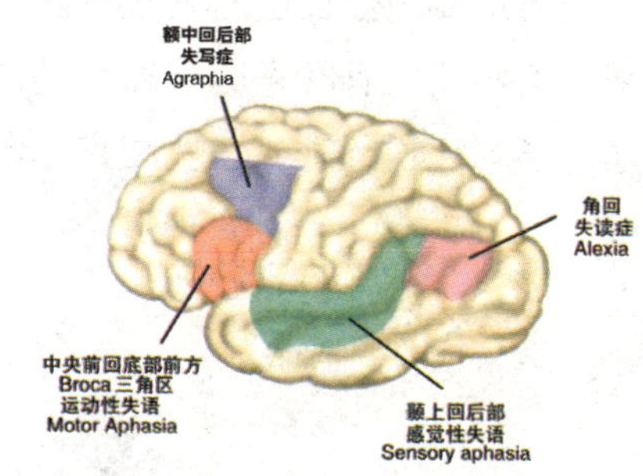

大脑皮层与语言功能有关的主要区域

生命的终点依什么为基准

“心跳停止”与“呼吸消失”

过去人们一直把“心跳停止”和“呼吸消失”作为死亡的标准。但随着医学科技的发展，病人的心跳、呼吸、血压等生命体征都可以通过一系列药物和先进设备

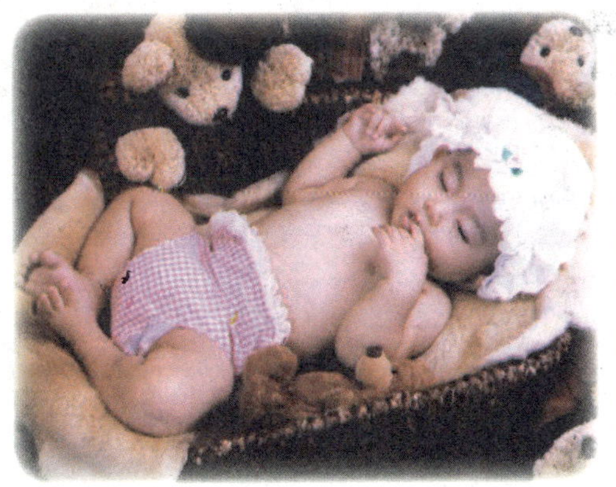

加以逆转或长期维持。但是如果脑干发生结构性破坏，无论采取何种医疗手段均无法挽救患者什么。因此，与心脏死亡相比，脑死亡显得更为科学，标准更可靠。

死亡的标准依据

自1968年美国哈佛大学死亡定义审查特别委员会提出脑死亡判断指标以来，世界上已有80多个国家和地区陆续建立了脑死亡标准，一些国家还制订了相应的脑死亡法，但也有国家采用的是脑死亡和心脏死亡标准并存方式。

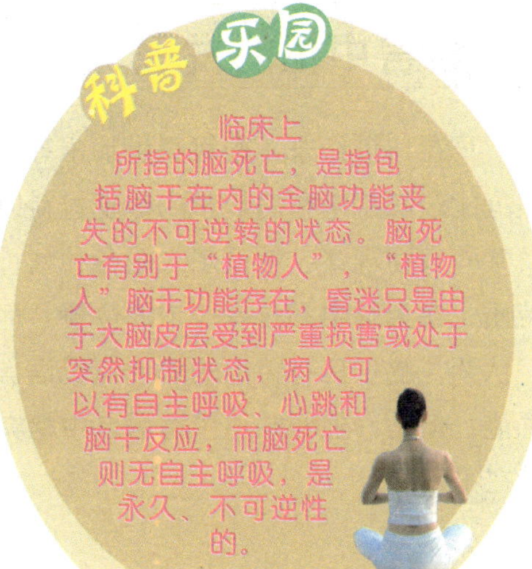

为什么大脑会记忆

用“脑”想问题

有了脑，人才能思考。脑和其他一系列器官组成了人体的神经系统。在人体所有系统中，神经系统最复杂。人的神经系统由中枢神经系统和周围神经系统两部分构成。它通过特殊的神经元，也就是神经细胞来工作，每时每刻都在接受与身体和外界有关的信息，支配着

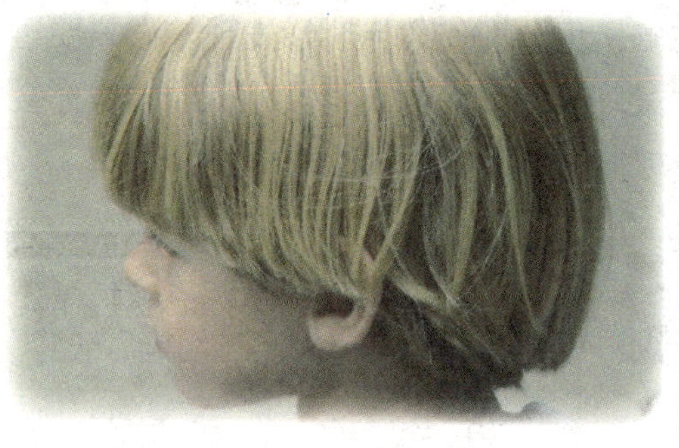

身体的全部活动。人的思想都是来源于神经系统的活动，而心脏是不会参与其中的。

记忆的过程

感觉记忆使人不时地意识到周围的环境。这一输入信号简单地储存在短时记忆里，思维、词语和情感在这里得到分析。一般认为将短时记忆变成长时记忆，需要不断巩固。

不同的记忆存储区

记忆是大脑信息的存储库，这些信息都会被记忆在人们的大脑里。人的大

脑实际上是分成很多区来分管不同“事务”的，有些区域处理感觉信息，如光线和声音；有些区域发出指令启动或协调随意运动。人的记忆分成不同的类型分别储存在这些区里。例如如何打字和骑自行车，这些记忆在运动区，而音乐则记忆在听觉区。

神奇的记忆力

产生记忆的过程，是由神经细胞形成新的蛋白质分子相互联系的过程。人的短时记忆每次最长只能保持60秒左右；长时记忆则能保持几分钟甚至很多年，容量大得令人难以置信。记忆必须加以巩固才能持久，因为短时记忆经过巩固，才能转为长时记忆。

为什么早上记忆力最好

人在刚睡醒的时候有个记忆高峰期，是从睡眠的平淡脑波渐渐转到一个活跃点的时候，这个时候只要是听到的，无论你喜欢还是讨厌，无论你是懂还是不懂的，都会自然而然地映在脑子里，即使你当时没发现，你只要再在某段时间接触到相同或相似的内容你会发现很熟悉，而且自己有印象。

人为什么要长头发

头发是怎么来的

很早以前，人类的祖先也和其他哺乳动物一样，身上长满了毛。后来，由于人类不断进化，身上的毛渐渐变短变细，最后成了我们现在身上的汗毛。因为脑袋里的大脑是非常重要的器官，而头发对大脑有很好的保护作用，所以才被保留下来。

头发的作用

那么多的头发长在头上，我们平时似乎看不出它们有什么用处。其实，头发的用处很多：保护头皮和头颅，夏天防晒，冬天御寒。此外，头发还具有美化作用，无论男女，都十分重视头发的样式。随着医学的发展，头发还能帮助诊断疾病，医生根据头发中微量元素含量的变化，就可以诊断出人患了哪些疾病。

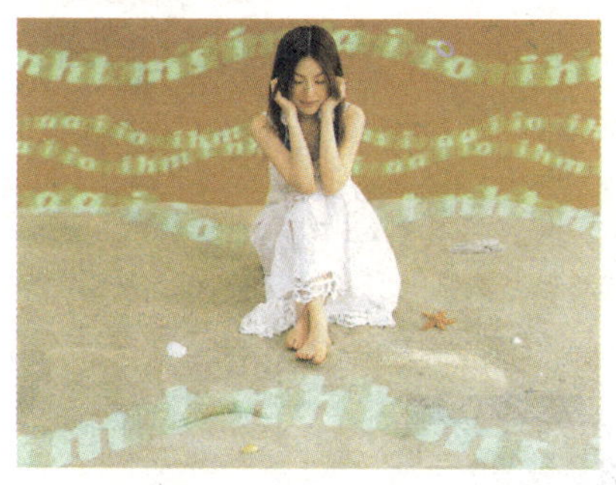

头发的构造

头发分为毛干和毛囊两个部分。毛干是长在皮肤外面的部分，毛囊是长在皮肤内的部分。由于毛囊中的黑色素细胞不断产生黑色素，生长出的毛发就是黑色的头发。

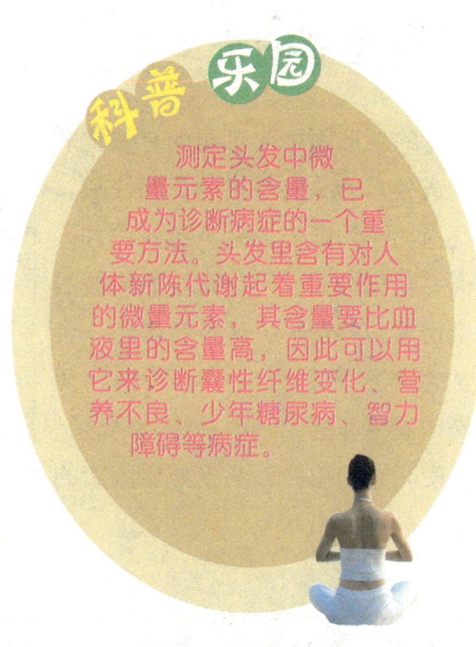

科普乐园

测定头发中微量元素的含量，已成为诊断病症的一个重要方法。头发里含有对人体新陈代谢起着重要作用的微量元素，其含量要比血液里的含量高，因此可以用它来诊断囊性纤维变化、营养不良、少年糖尿病、智力障碍等病症。

为什么头发会不同

五颜六色的头发

人类的头发有许多种颜色，如黑、白、红、黄、灰、褐等，黄种人和黑种人的头发绝大多数为黑色，而白种人则有较多种颜色。头发之所以会有不同的颜色，是因为头发内黑色素分布的数量不同所致、黑色素颗粒数量多、密度大，头发则呈黑色，反之头发颜色则浅淡，在日光下就会呈现不同的色泽。

不同形状的头发

毛发的外形因种族不同而有一定的差异。黄种人的头发是直的，圆柱形，较粗，横切面为圆形，呈黑色；白种人发的形态变化较大，可以是直的或波浪状，横切面为卵圆形，颜色有黑色、金黄色或白色，黑种人发卷曲较细，黑色，横切面呈卵圆形，但一边为平边，其毛小皮明显的扭曲，易受外界因素的损伤。

毛发的曲直与毛囊的形态有关。毛囊是圆筒状的，长出的头发就是直的；毛囊的形状是椭圆或卵圆形的，长出的头发呈波浪状或卷曲状，毛球的不规则生长也与头发波浪状的形成有关。

科普乐园
猜个小谜语
高高山上一亩麻，
月月割来月月发，
要是天长不去管，
人人见了都笑话。
谜底：头发

为什么会有不健康的头发

头发为什么会分叉

人体头发的结构，由中心到外表可以分为三层：最外面一层名为“毛表皮”，最薄；毛表皮之下的一层名为“皮质”，最厚；最内的中心一层，称“髓质”。毛表皮是由许多死亡的角质细胞和角质蛋白构成，顺着头发向外生长的方向一个接一个地排列着。头发是由头皮毛囊之内向外推出的，在头皮之外的部分，通通都是已死的细胞。因此，头发过长时，暴露于外过久的头发末端部分的细胞与细胞间横向粘连，就可能逐渐松开(头发细胞间的纵向粘连较紧于横向粘连)，分裂为二或更多条。

为什么会经常掉头发

人人都会掉头发，不过有的人掉得多，有的人掉得少。头发也有它自己的寿命，长到一定长度，寿命到头了，它自己就老死，自然会脱落下来，这是一种正常现象。属于这种情况的掉头发，任何人都有，而且是经常的。

不正常的掉头发，是因为营养不良、烦闷、外伤或外部刺激引起的。所以，平时要多注意营养，保持良好的心情对健康是非常重要的。

为什么会有秃顶现象

除了某些疾病或药物因素导致的脱发外，秃顶的主要原因是体内的雄性激素分泌过于旺盛。皮脂腺主要受雄性激素的控制，如果雄性激素分泌过于旺盛，人体的背部、胸部，特别是面部、头顶部就会分泌出过多的油脂。当头顶的毛孔被油脂所堵塞，会使头发的营养供应发生障碍，最终导致逐渐脱发而最后成为秃顶。

为什么会有白发

白发的分类

白发可以分为老年性白发和青少年白发。老年白发是由于自然机理的衰退造成的，属于正常现象。少白发是头发中的黑色素颗粒的合成发生障碍造成的，对健康无妨碍。形成少白发的最直接原因是精神因素，如忧思过度、恐慌、惊吓和精神疲劳过度等；精神高度紧张使供应毛发营养的血管痉挛，使分泌黑色素的功能发生障碍，影响色素颗粒的合成和运送；其次是营养失调，如缺乏维生素、微量元素等。此外，神经遭受外伤、蛋白质缺乏、高度营养不良等亦可长白发。

黑发变白了

头发的色素是由毛发乳头形成的。如果色素形成过程发生障碍，或者已形成的色素运输到毛根的皮质六区的过程发生障碍，或者色素被一种在身体内到处游荡的游离细胞吞噬而离开了毛发乳头，那么，不论你的年龄是大是小，头发都会因丧失色素而变白。

头发的多少由什么决定

头发的多少由什么决定

人类的头发依种族和发色的不同，数量也略有差异。黄种人有10万根，金发色头发的白种人头发较细，有12万根，红色头发略粗，有8～9万根。儿童期的头发以头顶部最密，而两侧颞部稍稀些。

（1）头发数量在出生后即已固定，以后不可能再新生长、增多。

（2）头发的颜色、形态、卷曲度和粗细受遗传控制，因种族和个人而异。

头发是有根的，它的根是在头皮下的毛囊里，头发是从头部皮肤中的毛囊生长出来的。只要毛囊没有脱落，损害，头发是还会长出来了的。

为什么会长发旋

毛干和皮肤呈一定的倾斜度。许多毛发的倾斜方向是一致的，称发流或毛流。毛流在头顶可形成一个中心向外，周围头发呈旋涡状的排列，俗称发旋。

通常人都有一个发旋，多位于头顶部，或偏左偏右。少数人有两个或三个发旋，亦有位于头前部的发旋，形成特殊毛流。

人为什么会有那么多表情

丰富的表情

人的表情大致分为六种：厌恶、愤怒、悲伤、惊讶、害怕、高兴。如细分可达7000种以上。人的脸部有几千条肌肉，人的思想活动复杂多变，这使人的表情也千变万化。

脸上的小酒窝是怎样形成的

酒窝是由皮肤下面的肌肉活动形成的。人体大部分肌肉都由肌腱纤维牢固地附着在骨头上，如胸肌、下肢肌都是这样。面部的表情肌是个例外，它直接附着在面部皮肤上。表情肌收缩的时候，牵动面部皮肤，于是面部出现各种皱纹，产生喜、怒、哀、乐的表情，并且可以做出各种滑稽有趣的面部表情。一笑脸上出现两个小酒窝，就是面部皮肤与面部表情肌（如颊肌、笑肌）相对牵动形成的。

不是每个人笑的时候脸上都会出现酒窝的。能不能有酒窝，跟表情肌的发达程度有关。笑肌不那么丰满，面部皮下脂肪不那么多的人，一般微笑时候不会出现小酒窝。

害羞为什么会脸红

脸红是受头脑中枢神经指挥的。原来我们的视觉和听觉神经，都集中在头脑里。当我们看到和听到使我们害羞的

事情时，眼睛和耳朵就立即把消息传给了大脑皮质，而大脑皮质除向有关的部位联系外，同时刺激着肾上腺，肾上腺受到刺激后会立刻作出相应的反应，分泌出肾上腺素。肾上腺素有一个特点，它少量分泌的时候，能够使血管扩张，特别是脸部的皮下小血管；可是大量分泌的时候，反会使血管收缩。

当我们感到难为情的时候，正是大脑皮质刺激着肾上腺，分泌出少量肾上腺素的时候，于是脸孔就发热发红。不光是害羞会脸红，高兴和愤怒的时候，也会脸红。在极气愤的时候，脸部就不单是红，还会红一阵、青一阵，有时会转为苍白，这是肾上腺一阵阵地在大量分泌，使血管收缩，交替充血、贫血或使血管较长时间地处于贫血状态的缘故。

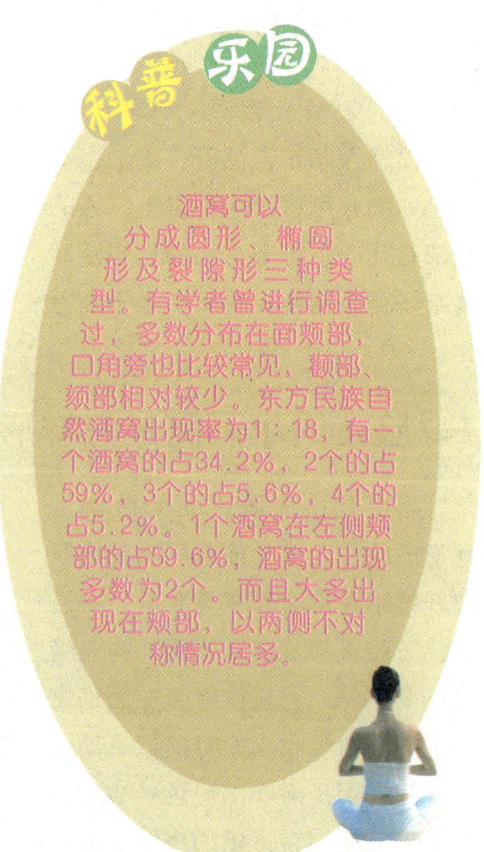

科普乐园
酒窝可以分成圆形、椭圆形及裂隙形三种类型。有学者曾进行调查过，多数分布在面颊部，口角旁也比较常见，颧部、颏部相对较少。东方民族自然酒窝出现率为1：18，有一个酒窝的占34.2%，2个的占59%，3个的占5.6%，4个的占5.2%。1个酒窝在左侧颊部的占59.6%，酒窝的出现多数为2个。而且大多出现在颊部，以两侧不对称情况居多。

人脸上为什么会长杂质

人为什么会长痣

在人体的皮肤里有很多种细胞，其中一部分细胞由于进行了错误的发育，人的皮肤上就长出痣或瘩子。痣和瘩子多数是由先天性血管瘤或淋巴管瘤引起的，也有因为肤色素沉着引起的。

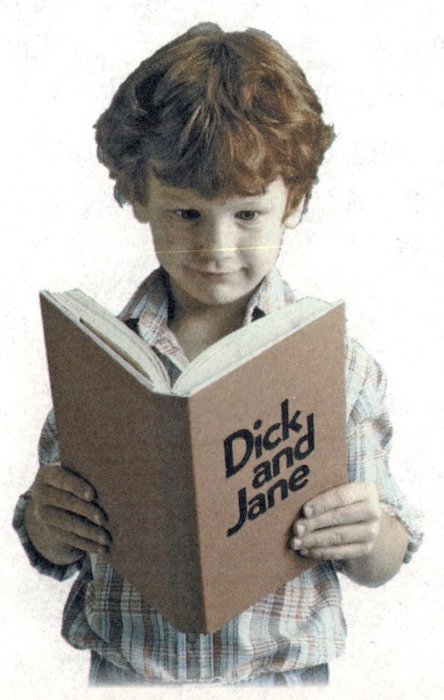

有的人为什么会长雀斑

雀斑经常发生在一些皮肤白皙的女性脸上，它是长在人体皮肤上的棕黑色小斑点。这些小斑点既不高出皮肤表面，也不向下凹陷，不痛也不痒，也没有脱皮现象。雀斑的大小不等，小的像针尖，大的像米粒。它们经常在一处成群出现，但又不互相成片，样子有点像麻雀羽毛上的小斑点，所以人们称之为雀斑。

长雀斑的皮肤与正常皮肤没什么差别，只是颜色略有改变，但不影响健康。因此雀斑不能算作病。

那么，雀斑是怎样长出来的呢？长雀斑

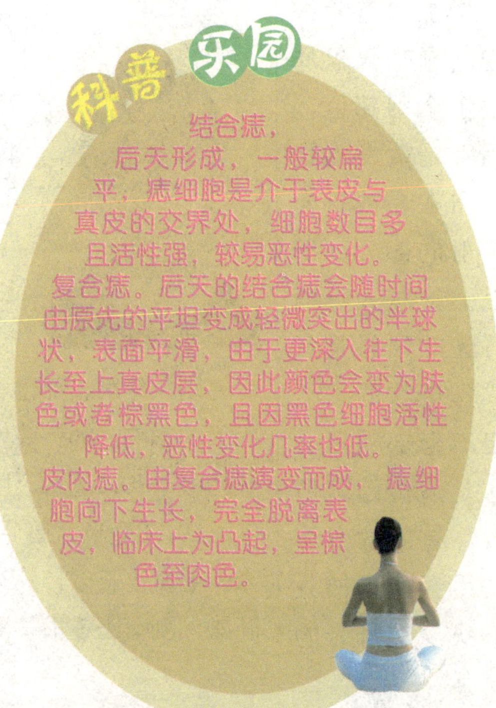

科普乐园

结合痣，后天形成，一般较扁平，痣细胞是介于表皮与真皮的交界处，细胞数目多且活性强，较易恶性变化。

复合痣。后天的结合痣会随时间由原先的平坦变成轻微突出的半球状，表面平滑，由于更深入往下生长至上真皮层，因此颜色会变为肤色或者棕黑色，且因黑色细胞活性降低，恶性变化几率也低。

皮内痣。由复合痣演变而成，痣细胞向下生长，完全脱离表皮，临床上为凸起，呈棕色至肉色。

是由于局部皮肤受日光曝晒的结果。一般的人在皮肤深层普遍含有黑色素细胞，经常受日光照射时，黑色素增加，色素细胞增加的结果使受日晒部分皮肤全部变黑。如夏天，人的裸露部分被晒黑了。

面部雀斑往往受家族遗传因素的影响，她们皮肤中黑色素的增加和色素细胞的增加仅仅局限于个别部位，而且是散发性地分布在易被日光照射的部分。所以，这些人曝晒日光的结果是形成雀斑状的黑点但不全部变黑，这是遗传因素所致。有效的方法是尽量使这部分皮肤少受日光的曝晒。

眉毛的独特作用

眉毛的独特作用

眉毛的作用是不小的。眉毛在眼睛上边形成眼睛的第一道防线，刮风时，它可以阻挡空中落下的灰尘和小虫；下小雨时，它能挡住雨水，不让它流进眼睛里。夏天，额头上出很多汗，但是汗珠不会流进眼里，这也是眉毛的功劳。眉毛还能增加面部的美观。所以，我们要注意保护眉毛，既不要拔眉毛，也不要用剪刀去剪眉毛。

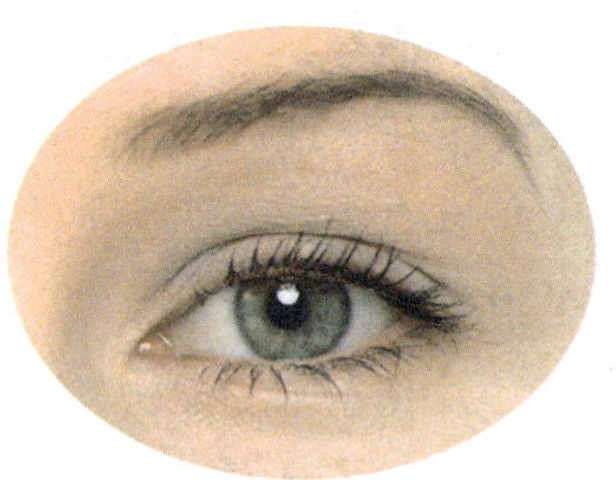

眉毛掉了还会长吗

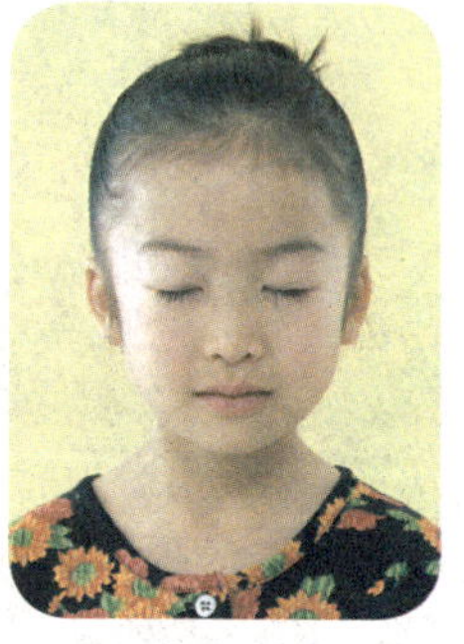

眉毛的生长和替换也有一定的规律，并非连续不断，而是呈周期性。毛发的生长周期分为三个阶段：从生长（即活跃期）——休止期——脱落期。

眉毛的生长期约为2个月，休止期可长达3～9个月，之后便自然脱落。毛发生长的速度受性别、年龄、部位和季节等因素的影响。如：头发每天生长约0.3～0.4毫米，腋毛则为0.2～0.38毫米，眉毛约0.2毫米。毛发生长以15～30岁时最旺盛，夏季比冬季长得略快。

科普乐园
猜个小谜语
高高山头种韭菜，
不稀不密刚两排。
谜底：眉毛

舌头为什么能尝出味道

舌头的不同部位对不同味道的感觉会不同

舌头的不同部位对不同味道的刺激敏感程度是不一样的。舌头的前端负责甜味和咸味；舌头的后面和软腭则负责酸味和苦味。味蕾对苦味比较敏感，对甜味的感觉就差一些。

舌头的用处

舌头不仅能尝到各种味道，它还有很多功能。舌头能协调发音，这样人才能说话、唱歌；舌头还能帮助搅拌食物，让牙齿充分地咀嚼；舌头还能把食物送下去，有协助吞咽的功能。

舌头能感觉酸甜苦辣

我们的舌头上有好多小疙瘩，医生们管它叫“味蕾”，人们就是通过味蕾尝出味道的。“味蕾”各有各的任务，有的管咸味，有的管甜味，有的管酸味，有的管苦味等等。由它们向大脑发出信号，告诉大脑是什么味。舌头就是这样尝出味来的。

科普乐园
猜个小谜语
一洞里面一座桥，
一头生根一头摇。
谜底：舌头

眼睛有哪些奇异的现象

眼睛为什么并排长

鱼、鸟的眼睛长在头的两侧，而人的眼睛长在正前方，两眼之间相距几厘米，这样并排长的眼睛有什么好处呢？如果我们做一个对比实验，就会发现，用一只眼看物体产生的感觉，与两眼一齐看物体时的感觉不同，因为物体到两只眼的距离有差

别，因此每只眼形成的影像是不同的，这两种影像在脑中叠合，就形成了有深度感的立体像，这个图像更接近实际、更真实。

人真的有第三只眼睛吗

许多小朋友都希望自己能长出神奇的第三只眼。实际上，我们每个人还真的长着第三只眼睛呢！生物学家经过研究发现，人类也有第三只眼睛。只是人类的第三只眼已经退化，深深地埋藏在大脑里，

位于丘脑上部。它的名字叫松果腺体。

松果腺体对太阳光十分敏感，它通过神经纤维与眼睛相联系。当太阳光十分强烈时，松果腺体受阳光抑制，分泌的松果激素则少，反之，碰到阴雨连绵的天气，松果腺体则分泌出较多的松果激素。松果激素有调节人体内其他激素含量的本领。

在人身上进行的实验表明，尽管松果腺体的功能可能随时间推移发生变化，但是在人从生到死的整个过程中，它一直在积极地起着作用。

眼睛里真的能长草吗

曾经有人发现，一个孩子的眼睛里长出一株小草，眼睛里为什么会长草呢？如果种子飞进眼睛里，而眼睛里又有水和空气，正好适合草的生长，所以草就在眼睛发芽生长了。

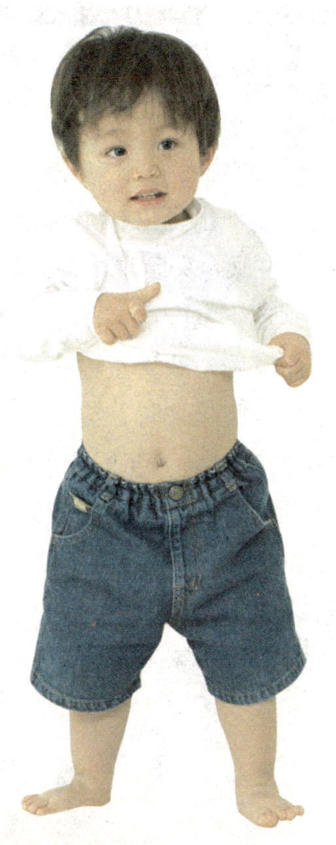

鱼的两眼在头的两边，这是因为鱼没有颈，不能转动头部，两边的眼睛可以尽可能多的获取大面积的信息；青蛙的两眼可以转动，但青蛙的头只能上下移动，而不能左右转动，所以眼睛也位于头两侧；鸟、哺乳动物的眼睛逐渐上移，可以上下、左右转动，它们的颈可以左右转动，真正“眼观六路”；马的双眼视力不错，但却不能看到正前方的额障碍物，当马跳跃时，要靠骑手来引导跳跃。如果没有骑手的指令，马很难越过高的障碍物，所以马术障碍赛，不仅需要好的赛马，还需要优秀的骑手。

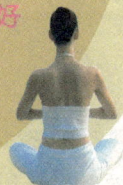

盲人为什么会重见光明

美国北卡罗莱纳州有一个叫萨尔德勒尔的人，他出生仅14个月就右眼失明，26岁时左眼也失明了。1983年2月的一天，他到地下室去取东西，由于受到狗的惊吓而摔倒，头重重地碰到台阶的边沿上。当他爬起来时，突然能清楚地看到周围的东西，他重见光明了！

英国的凯文·威利斯3岁时因意外事故而右眼失明，一年后左眼也失明。他虽然到处求医也无法治愈。1983年8月18日，28岁的凯文和妻子带着两个儿女在外面玩耍，妻子在嬉戏过程中用胶棒敲打了他的头。第二天，他的眼睛意外地复明了。

更令人惊奇的是，英国一名叫柯尔比的人，15岁时因一次外伤导致双目失明。四年后，他在一家医院作外科手术。当他醒来后，竟奇迹般地看见了手术室里的灯光。

这些盲人为什么在长期失明后会突然复明？所有的医生都说不清楚，目前也还没有科学的解释。

科普乐园
1984年，
在沙特阿拉伯首都利雅德召开的世界盲人联
盟成立大会上，确定每年的10月15日为“国际盲人
节”，这使盲人在国际上第一次有了统一的组织和自己的
节日。在这以前，盲人节没有固定的日子，一些欧洲国家的
盲人们经常在秋天举行文艺活动，并把这项活动的记念日称为
“白手杖节”。
1989年9月18日，中国残疾人联合会发出通知，要求各地在
每年的国际盲人节时，由省(市)盲人协会出面，
业务部门协助，结合当地情况，举行适当的
庆祝活动，以活跃盲人的生活，体现国
家和社会对盲人的关怀。

为什么只有眼睛能看见东西

眼睛是怎样看清东西的

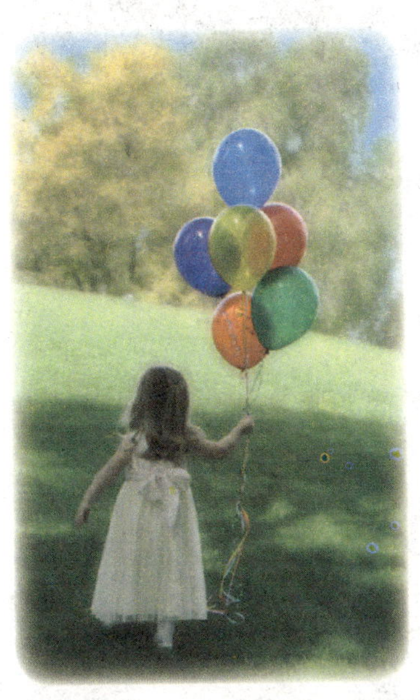

人的眼睛主要部件是眼球，近似球形。眼球外层为巩膜，形成保护膜。眼睛前部有一层角膜，角膜盖住虹膜，后面是瞳孔。瞳孔的后面是晶状体，晶状体的后面是视网膜。视网膜含有视觉细胞：视杆细胞和视锥细胞。在视神经穿过视网膜的地方，没有感光细胞分布。如果物像刚好落在这里就不能形成视觉。这个位置称为盲点。眼睛看东西时，首先是光线穿过覆盖瞳孔的透明角膜，然后经过瞳孔继续前进，接着穿过晶状体。再通过眼睛中央的胶状物质的玻璃体，聚焦在视网膜上，刺激大批能感受光线的细胞。视锥细胞能辨别颜色，视杆细胞则不能辨别，只在微弱的光线下起作用。最后，这些感光细胞发出脉冲，循着一条复杂的路径经过视神经和大脑通道传到大脑，在脑子里合成一幅图像。

为什么眼睛不怕冷呢

全身上下只有眼睛不怕冷，这是为什么呢？这是因为虽然眼珠角膜神经丰富，特别敏感，但是这里却没有掌管冷暖感觉的神经；另外，眼珠前的角膜不含血管，所以散失热量慢。别忘了还有眼珠前面的眼睑一眨一眨地保护它呢。所以，眼珠就不怕冷啦。而像鼻尖、耳廓、指尖等处的毛细血管特别丰富，遇冷散热快，所以这些部位就特别怕冷。

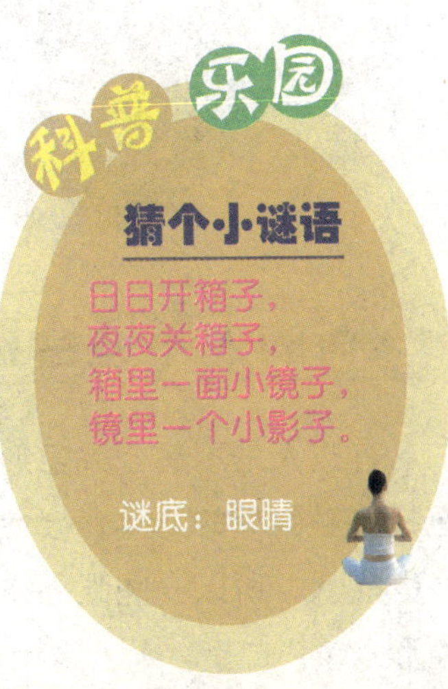

科普乐园
猜个小谜语
日日开箱子，
夜夜关箱子，
箱里一面小镜子，
镜里一个小影子。
谜底：眼睛

为什么有的人戴眼镜

有的人需要戴眼镜

我们经常会看到一些戴眼镜的人，他们之所以要戴眼镜，都是因为眼睛出了问题。老人看不清东西，主要是由于老花眼或远视，需要戴老花镜；年轻人和小朋友只能看清近处的东西，是近视眼，要戴近视镜。眼睛戴上度数合适的老花镜或近视眼镜，视力就能得到矫正，就可以像正常人一样看清东西了。

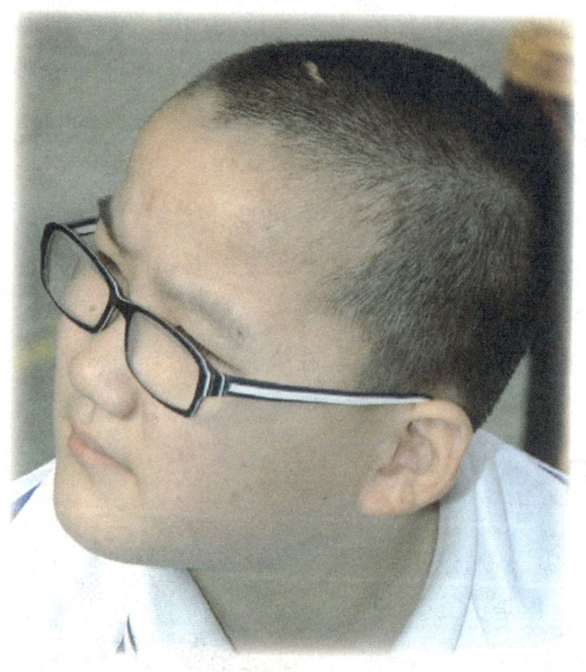

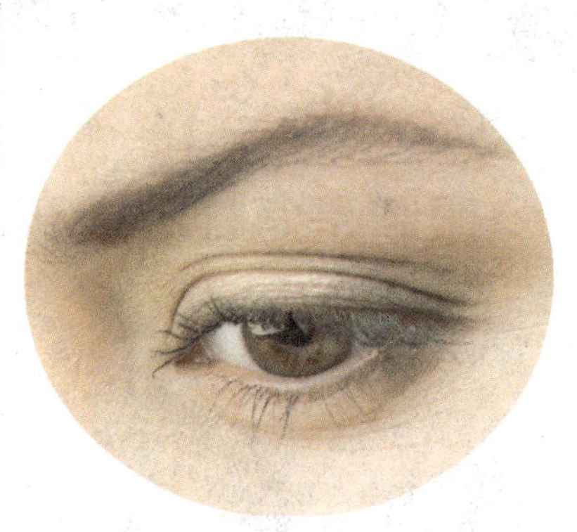

隐形眼镜

隐形眼镜是一种与眼球表面直接接触的超薄眼镜片。由于它配戴美观，而且运动时不受影响，免去了配戴框架眼镜的许多不便，所以很受人们欢迎。

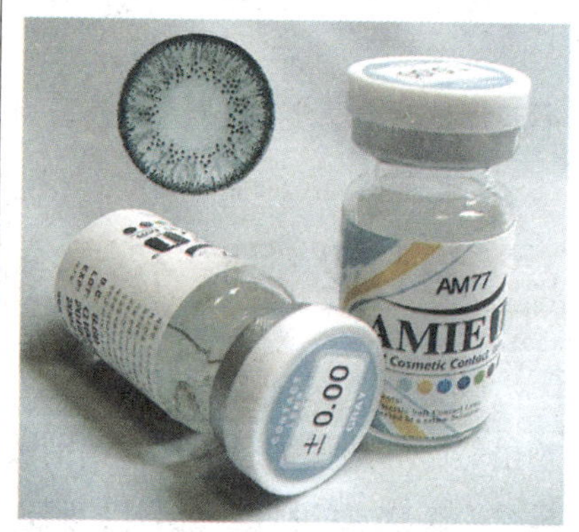

有的人不适合戴隐形眼镜

有些人是不适合戴隐形眼镜的。隐形眼镜是用高分子合成材料制成的，由于直接接触眼球的角膜，会使眼球产生异物感，引起眼睛疲劳、充血以及分泌物增多等症状。所以一些眼外伤、严重沙眼、结膜炎或是眼过敏症的患者都不适合戴隐形眼镜。

眼睛要多看绿色

红色或黄色可以给人耀眼的感觉；青色和绿色则给人带来凉爽和平静的感觉。青草和绿树不仅能吸收强光中对眼睛有害的紫外线，还能减少耀眼的强光。因此，在日常学习和工作之后，多看看绿树和草坪，可以起到保护眼睛的作用。

什么是色盲症

色盲是指缺乏或完全没有辨别色彩的能力。通常说的色盲多是指红绿色盲。面对五色缤纷的世界，人们到底是如何感知它的呢？原来在人的视网膜上有一种感光细胞——锥细胞，它有红、绿、蓝3种感光色素。每一种感光色素主要对一种原色光产生兴奋，而对其余两种原色光产生程度不等的反应。如果某一种色素缺乏，则会产生对此种颜色的感觉障碍，表现为色盲或色弱（辨色力弱）。色盲又分许多不同类型，仅对一种原色缺乏辨别力者，称为单色盲，如红色盲，又称第一色盲，比较多见；绿色盲，称为第二色盲，比第一色盲少些；蓝色盲，即第三色盲，比较少见。如果对两种颜色缺乏辨别力者，称为全色盲，较为罕见。色盲多为先天性遗传所致，少数为视路传导系统障碍所致。一般是女性传递，男性表现。根据统计，男性色盲发病率为5%，而女性则为1%。有先天性色觉障碍者，往往不知其有辨色力异常，多为他人觉察或体检时发现。凡从事交通运输、美术、化学、医药等工作人员必须有正常的色觉，因此，色觉检查就成为服兵役、就业、入学前体检时的常规项目。

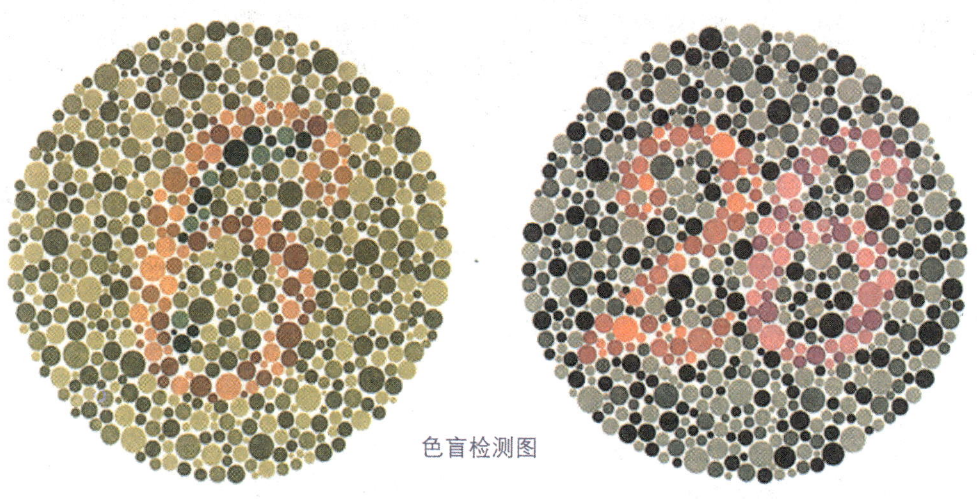

色盲检测图

科普乐园

色盲症是怎样被发现的

18世纪英国著名的化学家兼物理学家道尔顿，在圣诞节前夕买了一件礼物——一双“棕灰色”的袜子，送给妈妈。妈妈看到袜子后，感到袜子的颜色过于鲜艳，就对道尔顿说：“你买的这双樱桃红色的袜子，让我怎么穿呢？”道尔顿感到非常奇怪，袜子明明是棕灰色的，为什么妈妈说是樱桃红色的呢？疑惑不解的道尔顿又去问弟弟和周围的人，除了弟弟与自己的看法相同以外，被问的其他人都说袜子是樱桃红色的。道尔顿对这件小事没有轻易地放过，他经过认真的分析比较，发现他和弟弟的色觉与别人不同，原来自己和弟弟都是色盲。道尔顿虽然不是生物学家和医学家，却成了第一个发现色盲症的人，也是第一个被发现的色盲症患者。

眼屎是怎样长出来的

白天，眼皮里产生的黏液和泪水，借眨眼的动作涂抹在眼球表面，起着湿润眼球表面、清除灰尘和杀菌的作用。过多的泪水和黏液可以通过内侧眼角的泪道流入鼻腔。夜间睡着后，泪水少了，但黏液没少。过多的黏液和一些脏东西混在一起，因为缺少泪水的稀释，变得很黏稠，不能及时流入泪道，只好堆积在眼角处，这就是眼屎。

平时眼屎不多，如果得了眼病，或者眼睛过度疲劳，眼屎就会多起来。

科普乐园

当眼睛受到病菌感染时，会产生炎症反应，一方面，刺激了睑板腺，促进了油脂的分泌，使眼睑上和眼角里的油脂比平时增多；另一方面，眼睛里的血管扩张了，血液中的白细胞聚集以杀灭外来的病菌，这些被杀死的病菌残骸以及在战斗中“光荣牺牲”的白细胞都混到眼屎里，这样一来，眼屎不但增多了，有的还呈黄白色。因此，当患有沙眼、结膜炎或其他原因导致眼睑结膜发炎时，眼屎都会增多。

眼皮为什么会跳

做眼睛保健操多多益善

眼皮跳是眼睛周围的肌肉受到刺激而引起来的。引起眼皮跳的原因可多啦，比如看书时间太长，使眼睛疲劳啦，还有晚上睡觉的时间太少呀，眼的结膜（眼白）发炎呀，白天玩得太累呀，眼睛受到强烈光线或化学药物的刺激呀，或者眼里进去东西等等都会引起眼皮跳。遇到眼皮跳，只要闭上眼睛休息一会儿，做做眼保健操，或者用热毛巾敷一敷眼睛，眼皮跳就会好的。

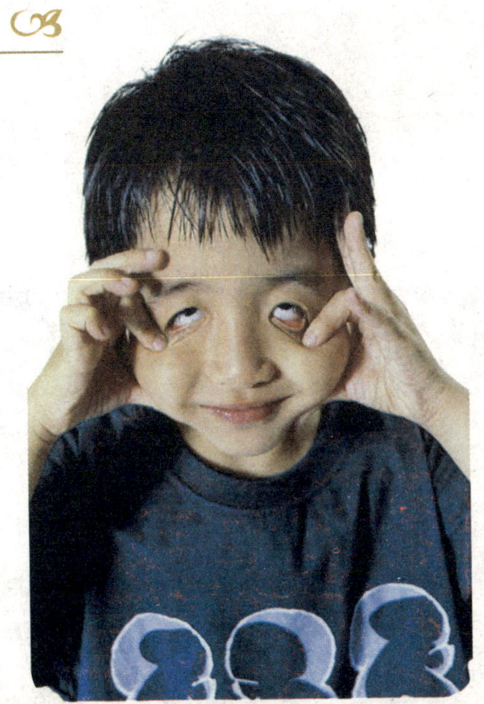

眼睛为什么会不自主地眨动

眨眼是一种快速的闭眼动作，称为瞬目反射。通常分为两种，一种为不自主的眨眼运动；另一种为反射性闭眼运动。不自主的眨眼运动，除炎症及疼痛刺激外，通常没有外界刺激因素，是人们在不知不觉中完成的。据统计，正常人平均每分钟要眨眼十几次，通常2～6秒就要眨眼一次，每次眨眼要用0.2～0.4秒钟时间。不自主眨眼动作实际上是一种保护性动作，它能使泪水均匀地分布在角膜和结膜上，以保持角膜和结膜的湿润，眨眼动作还可使视网膜和眼肌得到暂时休息。这种不自主眨眼动作的起因，目前还不太清楚。有人认为是人类高度进化的表现。反射性闭眼运动是由于明确的外界原因通过神经反射引起的。

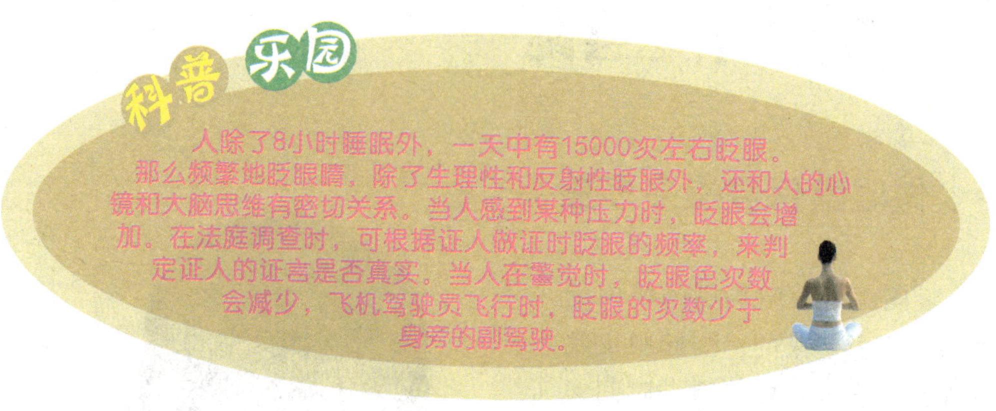

科普乐园
人除了8小时睡眠外，一天中有15000次左右眨眼。那么频繁地眨眼睛，除了生理性和反射性眨眼外，还和人的心境和大脑思维有密切关系。当人感到某种压力时，眨眼会增加。在法庭调查时，可根据证人做证时眨眼的频率，来判定证人的证言是否真实。当人在警觉时，眨眼的次数会减少，飞机驾驶员飞行时，眨眼的次数少于身旁的副驾驶。

眼泪有什么作用

为什么会流眼泪

眼泪是由泪腺分泌的，而且泪腺是不断分泌眼泪的。眼泪出来后汇集到眼内侧泪湖，然后流到泪囊，再经过鼻泪管来到鼻子里，最后被吸收、吹干。当人的情绪波动或眼睛受刺激时，眼泪会大量地流出，来不及被吸收、吹干，人就流泪了。

保护眼球的“清洁工”

每个人的眼睛里都有制造眼泪的“小工厂”，人们给它起了个名字叫“泪腺”。每天，泪腺不停地制造着泪水。眼泪的用处可大啦，眨眼的时候，眼泪就均匀地抹在眼球上，对眼球起着湿润的作用。眼泪还能冲刷掉眼球表面上的脏东西，保持眼球的清洁，眼泪还有杀灭细菌的作用。

眼泪有味道吗

实验分析证明：泪水中，99%是水分，还有1%是固体，而固体里有一半以上是盐，所以，泪水是咸的。

泪水中的盐分是从哪里来的呢？

眼泪是用血做原料，由泪腺加工制造出来的。血液里有盐的成分，所以，眼泪里自然就会含有盐。泪水里的盐和泪水中的能够溶解细菌的酶同时起杀菌消毒的作用，共同保护眼睛。

眼泪要流到鼻管里需要经过两个叫泪点的小孔，但如果有人患有沙眼、红眼病等，泪点便会结疤而堵塞。当眼睛受到冷风的刺激，泪水增多，又不能及时地从泪点流下去，就成为迎风流泪了。

眼球为什么会有不同的颜色

东方人是黑眼珠，西方人是蓝眼珠，这是人们所共知的。那么，为什么种族不同的人，眼珠的颜色也会不同呢？

科学家研究发现，我们人类眼球的虹膜由五层组织构成的。它们是内皮细胞层、前界膜、基质层、后界膜和后上皮层。这五层组织中，基质层、前界膜和后上皮层中含有许多色素细胞，在这些细胞中所含色素量的多少就决定了虹膜的颜色。

色素细胞中所含色素越多，虹膜的颜色就越深，眼珠的颜色也就越黑；而色素越少，虹膜的颜色就越浅，则眼珠的颜色就越淡。

近视是怎样形成的

近视的原因

引起近视眼的原因，归结起来不外乎遗传和环境两大因素。我国的高度近视眼为常染色体的隐性遗传，简单地说，双亲均有高度近视，子代均为高度近视；双亲之一有高度近视，子代发生率约为50%；双亲表现正常，子代有发病的，其子女的发生率约为25%。而单纯性近视，即600度以下的低、中度近视，为多因子遗传，即遗传和环境对近视的发生约各占一半。青少年阶段，由于眼球尚未发育成熟，如果处于视卫生条件不好的工作环境，又从事长久而紧张的近距离作业，则环境因素就成为形成近视眼的主要原因。从广义上说，大气的污染、微量元素的缺乏、营养成分的失调和不符合青少年身体要求的教具等，均有影响学生近视发生的报道。但这些因素与长时间看近引起近视相比较，则是次要的。因此，防治近视眼应从改善学生的学习环境和减少看近物着手。

年轻时近视老了还会远视吗

近视眼患者也会发生老花眼。近视眼的人年老时，看近的物体则需减少原先凹透镜镜片度数（相当于加上凸透镜），甚至得摘下近视眼镜才看得清楚。比如说，你原来有250度的近视，而你目前有200度的老花，你看近物时只需50度的凹透镜镜片就可以。此时，看近物时可以不用戴眼镜。

人为什么只有闭上眼睛才能入睡

科学实验证明，大脑的神经细胞被激发兴奋后，很快进入抑制。人们入睡只有在大部分神经细胞都进入抑制状态后，人才开始入睡。也就是说，睡眠是抑制在大脑皮质中的扩散并广泛波及皮质下的结果。但是抑制并不等于睡眠，只有在抑制得到广泛扩散后，睡眠才会开始。那么，什么条件能帮助抑制扩散呢?

人在安静的环境中，抑制才可能扩散。闭上眼睛就是减少外界光线的刺激，有利于抑制在大脑皮质的扩散。

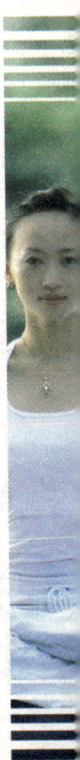

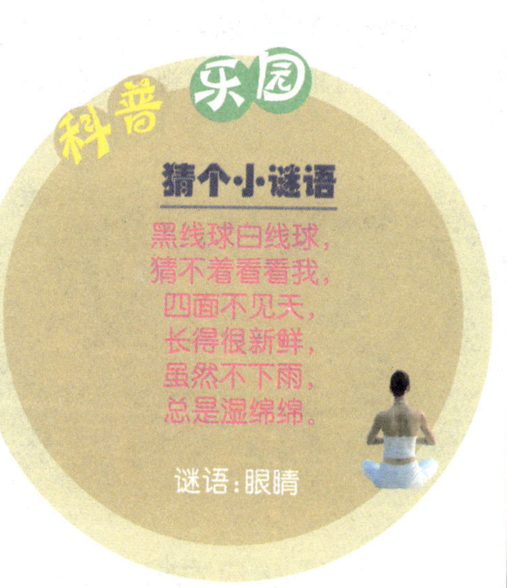

科普乐园
猜个小谜语
黑线球白线球，
猜不着看看我，
四面不见天，
长得很新鲜，
虽然不下雨，
总是湿绵绵。
谜语：眼睛

睫毛有什么神奇的作用呢

睫毛也是不断更新的

睫毛对眼镜是有保护作用的。人眼的睫毛数，上睑为100～150根，下睑约为5～75根。它长约6～12毫米。通常，儿童期的睫毛长，弯曲，好看。

睫毛是不断更新的，它的平均寿命只有3～5个月。脱落后1周左右即可长出新的睫毛来，10周后达到最长度。

假如睫毛向眼球方向生长，则会触及眼球，引起流泪、疼痛，日久可导致视力衰退。倒睫常由各种眼病引起。有了倒睫要积极治疗。预防倒睫主要是注意用眼卫生，以防眼病。

睫毛怎么向里倒

有些人的睫毛向内倒，这有很多种原因。得了沙眼和年老都会引起睫毛向内倒，这会对黑眼球造成破坏，应该进行治疗。有些小孩在发育过程中，由于眼球扁小也能导致睫毛向内倒。

为什么人的耳朵不会转动

乖巧的双耳

人耳朵长在头的两边，和动物一样，但和一般动物又不同。人的耳廓只由皮肤和软骨组成，耳内没有肌肉，只有皮肤、软骨和少许结缔组织，它们是不会收缩的，所以就不会转动。而动物的则不同，所以人的耳朵这个器官与其他动物不一样。原来人耳朵的转动功能是在物种演变过程中退化了。

左右两耳是否也分工合作呢

美国加利福尼亚州立大学的研究人员近来发现，就像人的左右脑有分工一样，人的左右耳朵也有不同的听觉：右耳能更好地处理语音，而左耳则擅长处理音调和音乐。语音能在右耳内引起更大的振动，而左耳则感应音调和音乐比较强烈。这与人脑两个半球对语言和音乐能力的处理能力不同是一样的，只不过位置刚好相反而已。同时，研究人员还认为，这项发现也证明了听觉的产生先于大脑收到声音信息之前，耳朵能分辨出不同类型的声音，然后再把它传递给大脑。

科普乐园
猜个小谜语
此物管八面，
人人有两片，
用手摸得着，
自己看不见。
谜底：耳朵

人为什么会打哈欠

二氧化碳的危害

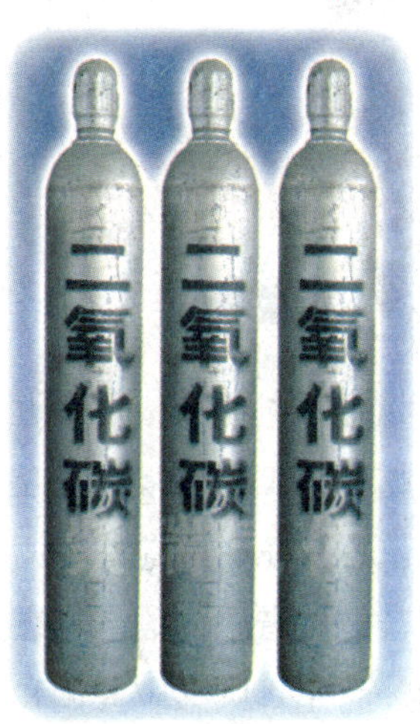

人是靠吸进新鲜氧气和呼出体内的二氧化碳，维持正常的新陈代谢。人每天都要学习、工作和劳动，时间长了身体和大脑都会疲劳，体内产生的二氧化碳也会增多，如果不及时呼出去，对身体十分有害。

打哈欠的作用

如果张大嘴打个哈欠，就像是做了一次深呼吸，使人获取了更多的氧气，排出了有害的二氧化碳。所以人困倦时打几个哈欠，对消除疲劳起着一定的作用。

打哈欠时为什么听不到声音

为什么在打哈欠的时候听不清别人说话呢？原来，在人的咽喉部有一条小管，叫咽鼓管。咽鼓管与中耳和咽腔连接，它能保持中耳的空气压力与外界空气压力平衡。当人打哈欠时，是先深吸气，然后猛烈地呼气，此时，中耳内气流会发生强烈地变化使耳膜变形不能正常振动。因为咽鼓管失去了平衡作用，所以就听不清声音了。

科普乐园

打哈欠除可补充所需的氧气外，哈欠还有其他一些作用，如可以松弛紧张、消除疲劳，放松肌肉等。飞机降落时打哈欠能帮助平衡中耳内的压力。

打哈欠还有利于养护眼睛。德国保健协会建议，长时间面对电脑的人，如果想让眼睛休息一下，打个哈欠当是最为方便和有益的。最佳的打哈欠方法是伸一伸懒腰，张开嘴巴，下巴左右移动，就像骆驼吃东西的样子。

耳屎是怎样产生的

耳朵里最小的骨头是什么

镫骨很小，只有在显微镜下才能看清楚。但它在我们的听觉生理中却起着举足轻重的作用，因此我们要注意保护它。如果三块听骨中的任意一块发生病变，或者砧镫关节被破坏，就会造成声音传导障碍，严重时会引起传导性耳聋。

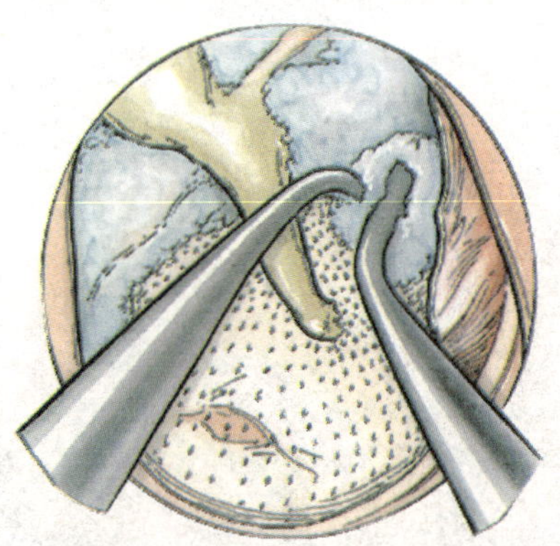

耳屎产生的过程

耳朵里有一段皮肤(外耳道外1/3软骨段)和身体别处的皮肤不一样，就是有一种变型的汗腺叫耵聍腺，其构造有点类似皮肤的汗腺。外耳道皮肤和其他处皮肤一样，也有一种皮脂腺，专门分泌一种油脂。从生理角度看，耵聍腺体内的这些分泌物不时地通过开口向外排出。起初，刚从耵聍腺吐出来的分泌物，外形有点像融化的蜡，它们和皮脂腺所排出的油脂混合在一起，形成很薄的一层附着在皮肤的表面。这些原始的耳屎与耳道内的尘埃、脱落的皮肤碎屑粘在一起，干燥后就成为一小块一小块淡黄色疏松薄片状耵聍，堆集在耳道眼里。

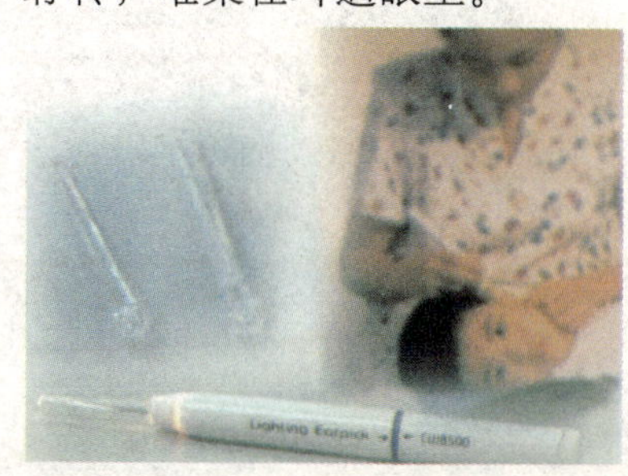

人流泪时为什么流鼻涕

我们的眼睛总是被眼泪湿润着。通过眨眼睛，把水分从眼头的小孔通过细管流到鼻子。平常眼泪不多，你不会感觉到。可是当你流泪多的时候，大量的泪水便从眼睛流到鼻子，这就成了鼻涕了。也就是说，眼睛和鼻子之间有一个小细管相通。

科普乐园
猜个小谜语
两只小白狗，
趴在洞门口，
听见一声呼，
连忙回转头。
谜底：鼻涕

科普乐园

感冒时流涕称急性鼻炎，此时鼻腔黏膜充血肿胀，腺体分泌增多即形成鼻涕。起初为清水样的，3～5日后渐为脓涕，1～2周后可痊愈。如果急性鼻炎反复发作，鼻黏膜长期充血肿胀甚至肥厚，即为慢性鼻炎，就会经常流鼻涕了。

鼻内有涕时应自行擤出。正确的擤鼻方法是：按住一侧鼻孔，一侧一侧地擤。同时要在鼻腔通畅的情况下进行，否则副鼻窦内鼻涕不易擤出，而鼻腔内脓涕可进入副鼻窦内，也可进入咽鼓管造成中耳炎。

鼻子为什么能闻到气味

“嗅细胞”嗅觉的感受器

鼻子是人类的嗅觉器官。在人的鼻腔顶上，有10平方厘米左右的一块嗅区黏膜，内含大量的嗅腺。吸气时，空气中含气味的微粒到达嗅区黏膜，并溶解于嗅腺的分泌物中，此时就会刺激嗅毛的双极嗅细胞产生神经冲动，这些冲动经过嗅神经、嗅球传到大脑嗅觉中枢而产生嗅觉。据测定，人类嗅黏膜上约有1000万个嗅细胞，它们是嗅觉的感受器。每个细胞靠近鼻腔的一侧又有6～8根嗅毛向鼻腔伸长，因而可以捕捉到任何气息。

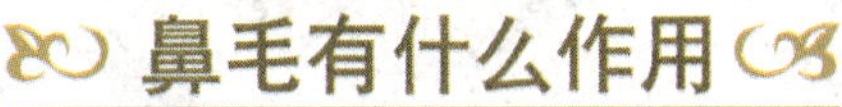

鼻毛有什么作用

鼻毛对吸入空气起着过滤清洁的作用，若拔除鼻毛，无疑是将鼻子的防卫自动解除，其结果是细菌、有害尘埃直接进入下呼吸道，引起下呼吸道的感染。此外，拔除鼻毛后，毛囊受损，细菌乘机侵入，可引起鼻疖发生。

很多人抠鼻孔或拔鼻毛，是由于鼻内有干燥、烧灼或瘙痒感所致。虽然从道理上说，大家都知道这是一种不良习惯，但在不知不觉中，又忍不住会有这种行为，因此，对于各种鼻病造成的鼻内不适感应及时处理。如减少鼻腔分泌物的刺激，以预防鼻前庭炎；积极治疗慢性鼻炎、干燥性鼻炎等原发病；鼻内干燥或发痒时，应滴用消炎、止痒且具有清凉感的药液，并适量服用维生素A、B、C等。

两个鼻孔是统一工作的吗

目前，对两个鼻孔工作的协调性有两种说法。一种认为鼻子同眼睛一样，两个鼻孔工作是一致的，有人最新发现两个鼻孔是轮流工作的，一个鼻孔在工作时，另一个鼻孔是休息的，他们轮流值班。

唾液是怎样产生的

唾液产生的过程

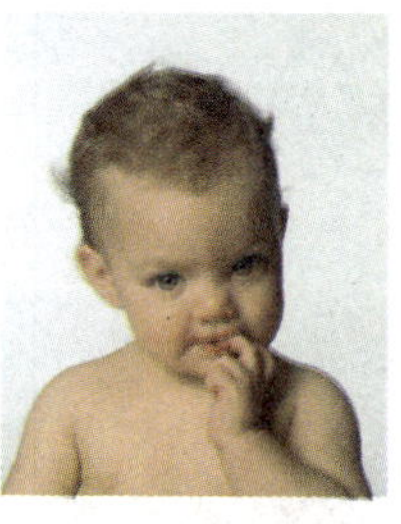

唾液是一种无色且稀薄的液体，被人们俗称为口水。它主要由唾液腺分泌。人体有多个唾液腺，小唾液腺分布口腔各部黏膜中，有唇、颊、舌、腭四种腺体，大唾液腺有腮腺、舌下腺和下颌下腺。腮腺、颌下腺和舌下腺是主要的唾液分泌器官，分泌的同时，受到大脑皮层的控制，也会受到饮食、环境、年龄以及情绪或唾液腺病变等影响。一个人每日分泌1000–1500毫升的唾液为正常现象。

人的一生能产生多少唾液

人的一生中大约有40吨食物和34.8万立方米的空气通过口腔和咽喉。据研究，在正常情况下，一个成年人进食10分钟大约要吞咽50次，在24小时内，一个人的吞咽次数大约为580多次。这是因为即使不吃东西，我们也得不断把口腔分泌的唾

液吞咽进去。在不同的场合，人的吞咽频率不同，比如坐着看书时每小时会吞咽37次。人的一生中会产生23600升唾液，足够装满一个小水池。

人一共有多少颗牙齿

成人是有32颗牙齿的

小儿是20颗牙，也就是说乳牙是20颗，成人是32颗，但中国人有好多长不出最后的四颗来的，这四颗很多是成人之后才长出来，又叫智齿，也有人不能全部长出，所以能看见的成人的牙齿从28颗到32颗不等，但如果你拍X光片就能看见，只要没有拔除的话，正常成人都是32颗牙。

牙齿的分工

牙齿形状各异，这是为什么呢？原来，不同的牙齿担负的工作是不一样的。长在前方正中的牙是门牙，又叫“切牙”，专管切断食物；靠在嘴角两边各有一对尖尖的牙齿，叫“尖牙”，或者叫“犬具”，专管撕碎食物；长在口腔后面的两排牙齿是“磨牙”，它们好像一副副小磨盘的上下两半，善于磨碎和嚼烂食物。

牙齿掉了还能长出来吗

人的一生共有两副牙齿，小时候的牙齿叫乳牙，从6岁左右开始，乳牙就会逐渐脱落，乳牙下面的恒牙陆续长了出来。假如没有意外的原因使恒牙过早掉落，那么它将终生陪伴着你。也就是说，恒牙掉了就不可能再长出新的牙了。

科普乐园
猜个小谜语
三十二个老头，
做事一起动手，
切肉不用菜刀，
舂米不用石臼。
谜底：牙齿

牙齿为什么会有不同形状

我们的牙齿有几种不同的样子，有的是扁扁的，有的是尖尖的，还有的是圆圆的。牙齿为什么要长成不同的形状呢？原来它们是各有功用的。

先说门牙。门牙又叫“切牙”，一共有四对，是专门管切断食物的。比如我们吃饼的时候，总是先把饼咬下一块再嚼烂。咬饼，就是门牙的工作，所以门牙就要长成扁扁宽宽的，好像菜刀一样，可以切断食物。

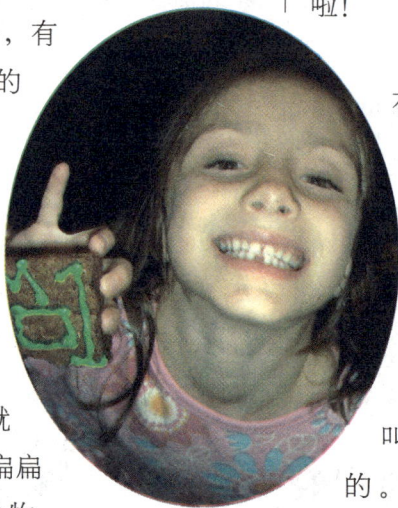

靠近嘴角两边各有一对尖尖的牙齿，叫“犬齿”。犬齿是专管撕碎食物的。妈妈给你吃鸡腿的时候，你一定是拿起鸡腿放在嘴角，用牙先把鸡肉撕下来，再津津有味地细嚼慢咽的。人的犬齿比起老虎、狮子的尖牙要小得多。老虎、狮子都有两对长长尖尖的牙齿露在嘴角外边，因为它们是野兽，吃的是生肉，就需要有这么长长尖尖的牙齿来撕碎生肉。而人的尖牙就不需要这么厉害啦！

后牙，左、右、上、下一共10对，圆圆的像盘子一样，所以有人把后牙叫做“盘牙”，也有叫“臼齿”的。其实，把它们比做磨豆腐的磨子更恰当，因为它们长得圆圆的，上面还有凹凹沟沟，上下牙一起研磨，食物就被嚼碎磨细，这不是像磨吗？所以医学上就把它们称为“磨牙”。

科普乐园

每个人牙齿的大小、形状、排列和有无病症情况都不一样，具有相同的情况可能性极小。现代科学家发现，不同人种的人牙齿也有差别。

牙齿为什么有的不齐

牙为什么会不齐

原因很多，主要包括遗传因素和环境因素。环境因素又包括先天因素和后天因素。先天因素是指胎儿在母亲子宫内生长发育过程中受到的各种影响，可能是母亲或胎儿的营养代谢失调，母亲患风疹或感染病毒，母亲怀孕期间受到外伤或分娩时造成的产伤。后天因素是指出生后在生长发育过程中受到的影响，如：

1.疾病：某些急性传染病，某些慢性消耗性疾病可能影响到牙齿和颌骨的发育。内分泌功能紊乱或营养不良尤其是维生素缺乏可能会影响到牙齿和颌骨的发育。

2.呼吸和吞咽功能异常可能会影响牙齿和颌骨的发育。

3.不良习惯比如咬手指，咬上唇或咬下唇习惯，伸舌或吐舌习惯。

4.乳牙期或替牙期出现的问题。包括乳牙过早丧失，乳牙迟迟不掉，恒牙过早丧失，恒牙萌出顺序紊乱等等都会造成牙齿不齐。

少儿期为什么会换牙

人自出生至六岁，是头颅骨骼发育最快时段，出生时上下鄂牙床骨骼较小，随着身体发育，牙床也生长变大，乳牙会显得越来越小，它的功能不能满足生长需要；人的牙床到六至七岁以后基本定型，以后的生长变化很小；生命每时每刻都在进化、不断进行优化组合，为满足生存需要和自然法则，六岁换牙最佳。哺乳类动物一般都换牙，如狗在快3个月左右就开始换牙了。

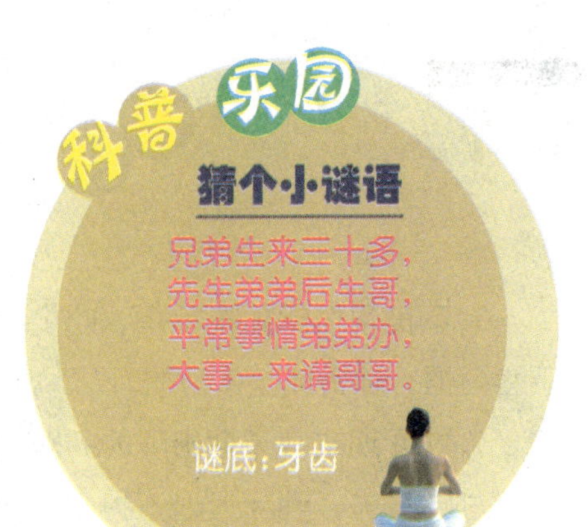

嘴唇为什么是红色的

通过嘴唇的颜色可了解身体状况

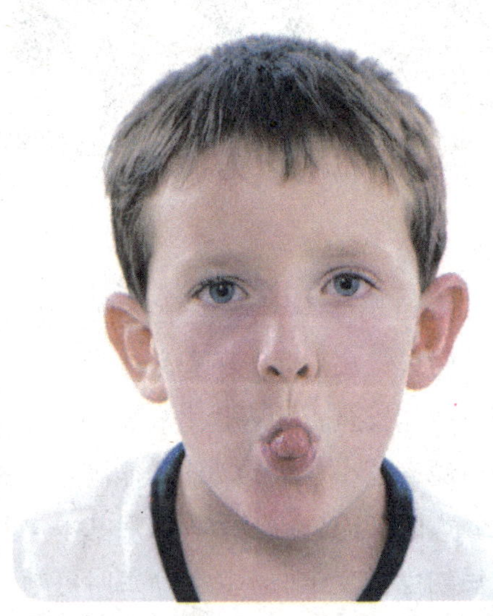

人体的嘴唇周围一圈发红的区域叫“唇红缘”，它的湿润全靠局部丰富的毛细血管和少量发育不全的皮脂腺来维持。口唇的颜色是通过局部的血管量、血管扩张的程度、血液中的血氧饱和度而定的。由人嘴唇的颜色，可以了解一个人的健康状况，体质及疾病。如果唇色苍白必定是贫血；紫色是肺病的征兆；黑色则肝脏有疾；红色是发烧的现象。

咬嘴唇是坏习惯

咬嘴唇是一种坏习惯。因为时间长了，会使牙齿往外突出，变成突牙，突牙不仅影响咀嚼食物和说话声音，也非常难看。所以，小朋友平时一定不要咬嘴唇。

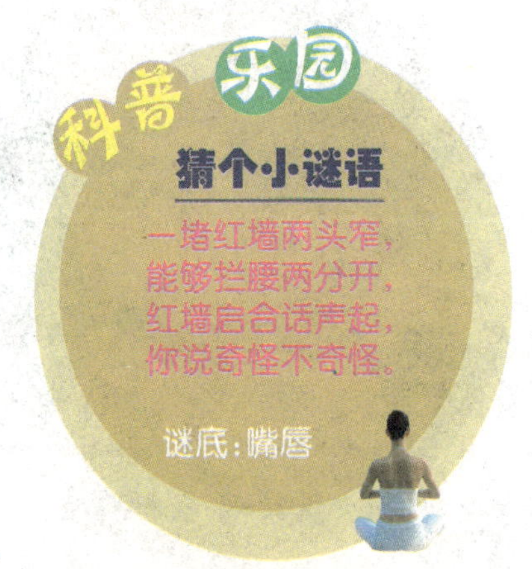

咽喉是同一个器官吗

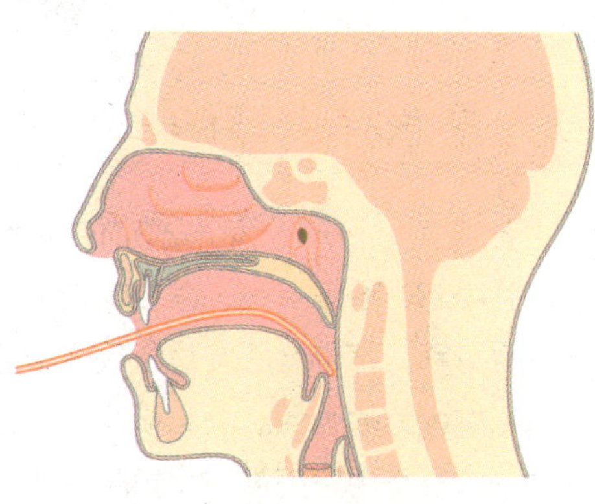

喉藏在咽的里面了

人们经常说咽喉，其实咽和喉是两个完全不同的器官。人在张嘴喊“啊”的时候，我们就可以看见口腔的最里面就是咽。喉在一般情况下是看不见的，它在咽的里面。

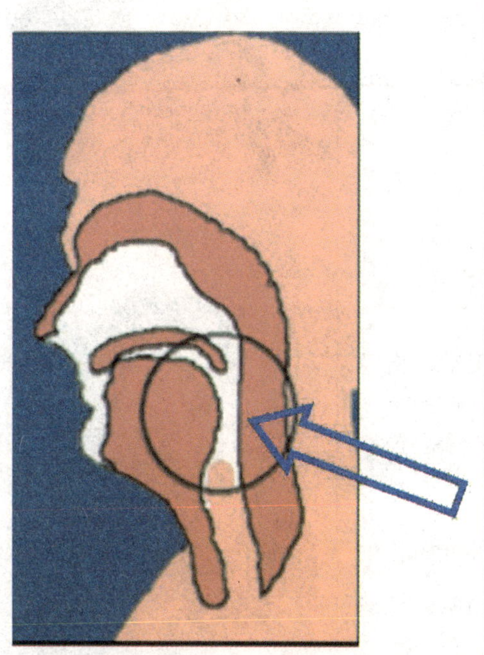

咽长在哪里

咽在口腔的后部，主要是由肌肉和黏膜构成的管子。咽分成三个部分，上端跟鼻腔相对叫鼻咽，终端跟口腔相对较口咽，下端在喉的后部叫喉咽。

科普乐园

咽喉炎是由细菌引起的一种疾病，可分为急性咽喉炎和慢性咽喉炎两种。急性咽炎：常为病毒引起，其次为细菌所致，冬春季最为多见，多继发于急性鼻炎、急性鼻窦炎、急性扁桃体炎，且常是麻疹、流感、猩红热等传染病的并发症；慢性咽炎：主要是由于急性咽炎诊断治疗不彻底而反复发作，转为慢性咽炎 或是因为患各种鼻病、鼻窍阻塞、全身各种慢性疾病，如贫血、便秘、下呼吸道感染。目前慢性炎症、心血管疾病等也可继发本病。

为什么有声带才能发声

人是怎样发声的

声带，又称声壁，发声器官的主要组成部分。位于喉腔中部，由声带肌、声带韧带和黏膜三部分组成，左右对称。声带的固有膜是致密结缔组织，在皱壁的边缘有强韧的弹性纤维和横纹肌，弹性大。两声带间的矢状裂隙为声门裂。发声时，两侧声带拉紧、声门裂缩小、甚至关闭，从气管和肺冲出的气流不断冲击声带，引起振动而发声，在喉内肌肉协调作用的支配下，使声门裂受到有规律性的控制。故声带的长短、松紧和声门裂的大小，均能影响声调高低。

为什么每个人的声音不同

声音是由喉部的肌肉收缩引起声带的震动，再经过口腔、鼻腔的共鸣后发出。每个人的声带特征不一样，震动时发出的声谱就象人的指纹一样，相同的概率是非常低的。

有些人善于模仿他人的声音，可谓惟妙惟肖，但在声谱仪上一下就原形毕露了。这在刑事侦察、司法证据等上都有利用。

科普乐园

人在儿童时期，男声和女声没有明显的差别。当进入青春期时，声音开始变化，男女的声音有了明显的不同。一般女孩儿变声是在11～13岁之间，男孩在12～14岁之间。

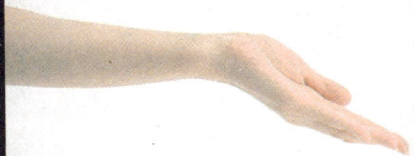

第三章

人体的躯干及功能

RentiDeQuganJiGongneng

人体的躯干可分为：颈、胸、腹、背、腰五大部分。了解人体的躯干，认识躯干的功能及患病的特征，可以让我们更健康、更快乐的生活。

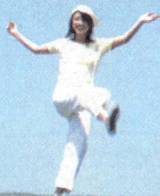

为何说皮肤是人体最大的器官

遍布人体的皮肤

我们身体的表面除个别部位，几乎都覆盖着皮肤。一个普通成人皮肤的面积大约有1.5～2平方米，其重量约占体重的16%。皮肤的上层是表皮和真皮，下层的皮下组织与体内其他组织相连。毛发、指（趾）甲、汗腺、皮脂腺是皮肤的附属器官，它们相互配合，使皮肤成为一个多功能的器官。皮肤不仅面积大、重量重，而且还具有保护、分泌、排泄、调节体温和感受外界刺激等生理功能。因此，皮肤被列为人体最大的器官，是当之无愧的。

人的皮肤有多重

从重量和面积的角度来看，皮肤是人体最大的器官，其重量占体重的14%～16%，一个体重为60千克的成年人皮肤约重8.5千克，一个3千克重的新生儿约重0.5千克，一个成年人的皮肤面积约为1.5～2.2平方米，新生儿约为0.21平方米，面积的大小与身高、体重成正比。皮肤的厚度因人、因性别、因年龄、因职业等而异，一般为0.5～4.0毫米(不包括皮下脂肪组织)。儿童的皮肤比成人薄得多，同龄女性皮肤比男性略薄，脑力劳动者皮肤比体力劳动者略薄。

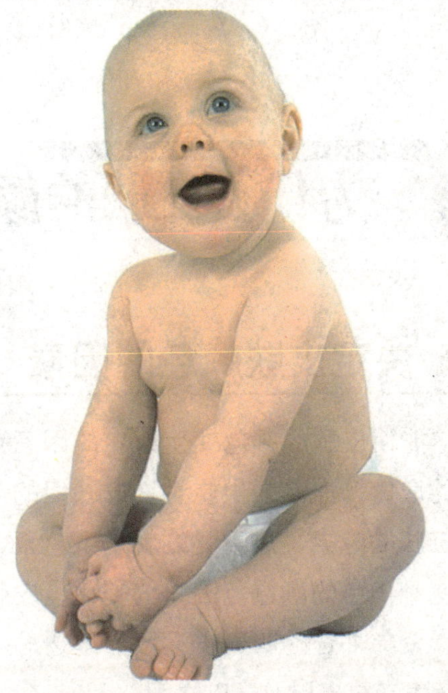

人体最薄的皮肤在哪里

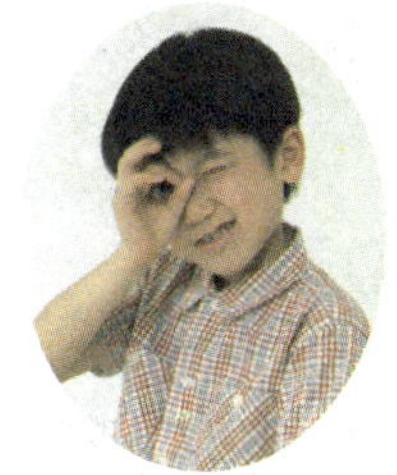

皮肤总重量约4公斤，平均厚度2毫米，但人种、年龄、性别、都会影响皮肤的厚度。皮肤最薄之处是眼皮，最厚的是脚底，脸和胸部比背部和头部的皮肤要薄。

皮肤磕碰到为什么会发青

皮肤不小心经过碰撞或者摔伤，很多地方都会发青。皮肤里的毛细血管多，毛细血管壁很薄，经不起外界的压力，很容易破裂出血。皮肤没有破，毛细血管里的血不会流出来，就会发青、发紫。

为什么皮肤的颜色不同

决定皮肤颜色的因素

能使皮肤的颜色发生改变的因素有三种：皮肤的厚度，血液的供应量，皮肤里的色素。特别是皮肤的色素，最重要的就是黑色素，它可以从黄色到黑色的颜色范围之内变化。皮肤分为好多层，紧靠外边的叫表皮，紧靠里边的叫做真皮，黑色素在真皮以及表皮之间。

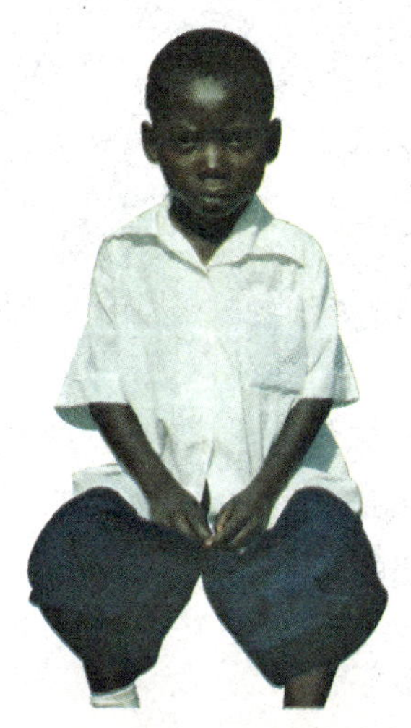

皮肤的主要成分

皮肤的主要成分是水。成年人的皮肤里水分约占60%，初生婴儿高达80%，女孩子的皮肤细腻光滑，其主要原因就是皮肤里充满了水。

皮肤的纹理

手掌皮肤表面上有很多皮嵴，这些嵴被很细的平行沟槽分开，形成皮肤的纹理。指纹是皮肤纹理中最显著的部分，每个人都有世界上独一无二的指纹，而且终身不变。指纹有利于警方识别罪犯。另外在医学领域，一些不寻常的指纹，还可提示染色体或胚胎发育异常。

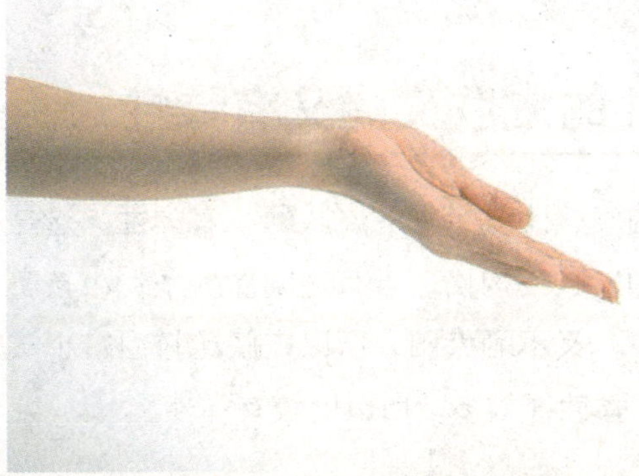

皮肤的颜色

皮肤的颜色主要是由皮肤内黑色素的多少决定的。人的皮肤所含有的黑色素多少不一，也就形成了不同肤色的人中。黑色素是一种黑色或棕色的颗粒，能阻挡阳光中对人体有害的紫外线。于是，日晒较少的欧洲，人体内的黑色素就很少，人的皮肤就白；而烈日炎炎的非洲，人体内产生的黑色素就多，所以非洲人皮肤呈黑色或棕色；而黄种人一般聚居在温热带地区，所以皮肤的颜色也较浅。

皮肤的散热功能

皮肤是人体散热的主要渠道，当外界温度高于皮肤温度(33℃)时，出汗便

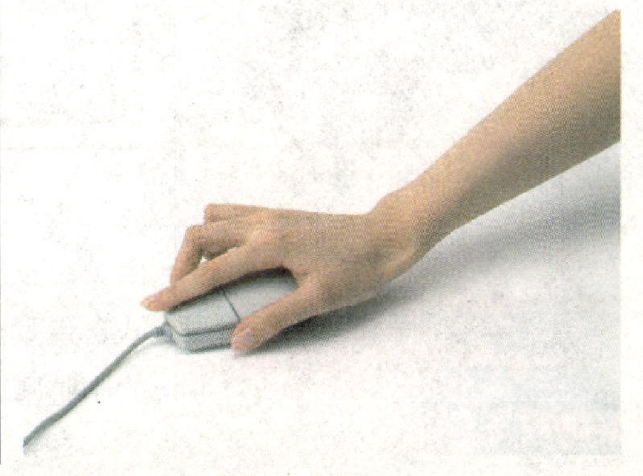

成了人体主要的散热方式。大量出汗时，汗液成为汗珠滴落或被擦干，散热效果就不佳；如果留在皮肤表面渐渐蒸发，散热效果就比较好。

皮肤的厚度

皮肤在人体表面各部位的厚度是不同的。眼皮和嘴唇部位的皮肤很薄，脚底和手掌部位的皮肤却很厚。皮肤表皮如果经过长期磨损，会变得又厚又硬，因此经常赤脚走路的人，脚底通常比较坚硬。

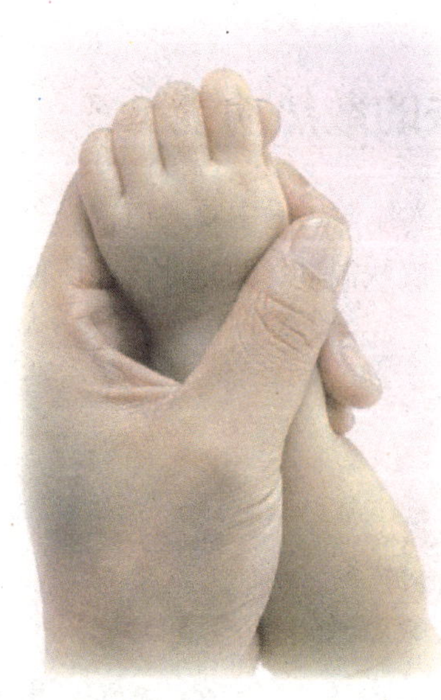

年龄对皮肤有哪些影响

年纪大了皮肤会长皱纹

人在年轻的时候，皮肤下面的脂肪和皮下组织都很多，这些东西在皮肤的底下填得满满的，把皮肤绷得很紧，所以看上去又光滑又平坦。当人老了以后，皮下的脂肪减少，皮下组织也萎缩了，皮肤就撑不起来了，原来那光滑的皮肤就会变松塌瘪下来，这样，皮肤上就出现了许多皱褶，在脸上也会出现许多皱纹。

婴儿的皮肤又嫩又有弹性

小孩的皮肤比成年人的皮肤薄、有弹性。这是因为小孩的皮肤结构松，含有透明质酸多；小孩皮肤含色素少，又不晒太阳，所以皮肤比较白；小孩的脂肪厚，弹性纤维多，所以比较有弹性。

呼吸是指氧气经过血液的运送，到达体内各个细胞，最后以二氧化碳的形式排出体外。人主要用肺呼吸，皮肤和肺比起来差远了，它一天吸入的氧气量是肺的1/80，呼出二氧化碳量是肺的1/60～1/90。

人为什么有高矮之分

影响身高的因素

人的高矮在身体发育正常的情况下，主要取决于遗传、营养、体育锻炼等。比如，父母的个子高，孩子的个子往往就高些；但是，只要从小加强营养，积极参加体育锻炼，即使父母个头比较矮，孩子的个子也会长得高。睡眠的好坏对身体高矮也有影响。

身体共有多少块骨头

人的身体是靠骨架来支撑的。骨架又是由长的、短的、扁

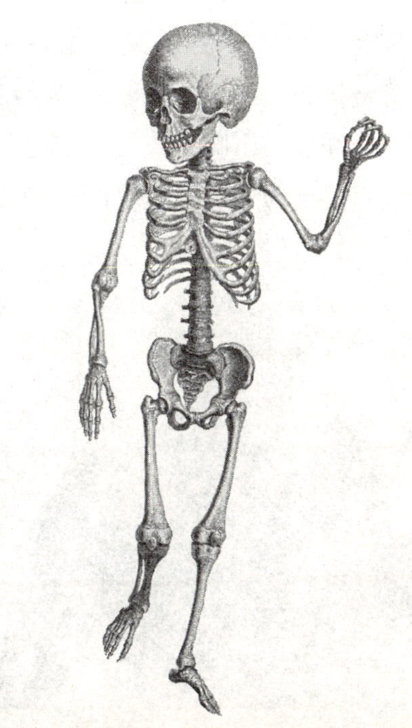

的、圆的大大小小很多块骨头组织起来的。人的全身有206块骨头，这些骨头里最长的是大腿骨，最小的是长在耳朵里的3块听小骨，它们小得和芝麻粒一样。

人身上的骨头除了支撑人体，帮助人体做各种动作外，有些骨头还能互相连接起来围成个空腔，保护人体的一些特别重要的器官，比如脑颅就是由8块骨头连接成的，这些骨头保护着人的脑子不受伤害。

科普乐园

精神神经系统异常也可影响儿童体格的生长。如在父母离异，儿童与监护人之间关系不正常，常受虐待的情况下，或儿童受到其他的严重刺激，其生长速度会逐渐减慢，使身高在正常同龄同性别儿童身高的低限以下。身体矮小又会加重患儿的自卑心理，这是由于患儿所受的心理性和社会性刺激，影响了大脑皮质向下丘脑传播神经冲动，因而抑制了垂体分泌生长激素。

人走路时双臂为什么也协调地摆动

什么是肌肉

肌肉是人体的一种组织，由许多肌纤维集合构成。肌肉的上面有神经纤维，在神经冲动的影响下收缩，引起器官运动。它可分为横纹肌、平滑肌和心肌三种。

肌肉有什么作用

人类的一切运动，如跑步、跳绳、看书、吃饭、拿东西等，都要有肌肉参与才能完成。没有了肌肉，人体就不能执行大脑提交的运动指令，人就不能活动了。

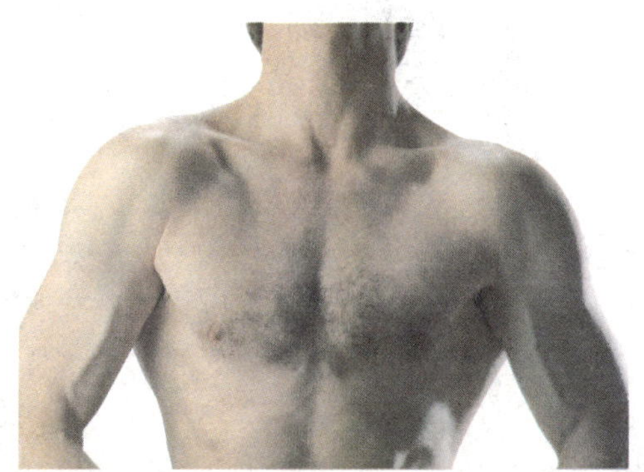

双臂摆动

人的上肢在没有解放出来之前，行走时四肢是相互交替着运动的。人直立行走后，仍然保留着这种习惯，现代人走路时手臂也在摆动。手臂摆动主要起到协调和平衡走路姿势的作用。

科普乐园
猜个小谜语
两棵树上两根杈，
每杈长有五支芽，
两杈十芽用处大，
创造财富就靠它。
谜底：胳膊

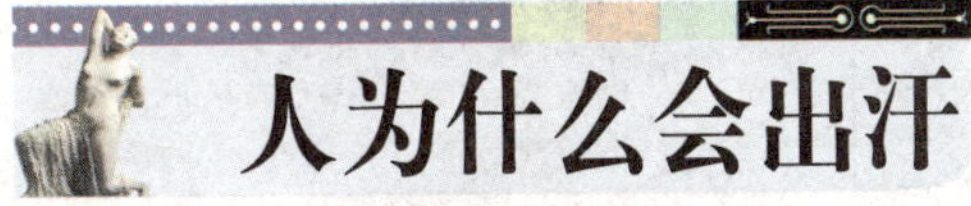

人体出汗的原因

当我们进行激烈活动或受到突然惊吓时，往往身上会出汗。炎热的夏天，特别是三伏天若是进行球赛，我们还会大汗淋漓呢。那么，人怎么会出汗呢？

汗液是由汗腺分泌出来的。要知道，人体有两种汗腺：一种是大汗腺，分布在腋窝、乳房、肚脐、大腿跟和外阴部等处，开口于毛根附近；另一种小汗腺分布在全身各处，开口于表皮。一个成年人约有200万～500万个小汗腺，平均每平方厘米就有120～130个。

汗液是无色透明的，其中水分占99%，还有1%的固体物，主要是氯化钠，以及少量的氯化钾和尿素等。在一般情况下，仅有少数汗腺参加分泌活动，所排出的汗液也不多，不易被人觉察。而在非常炎热的情况下，每小时排汗量可达1.5升以上。

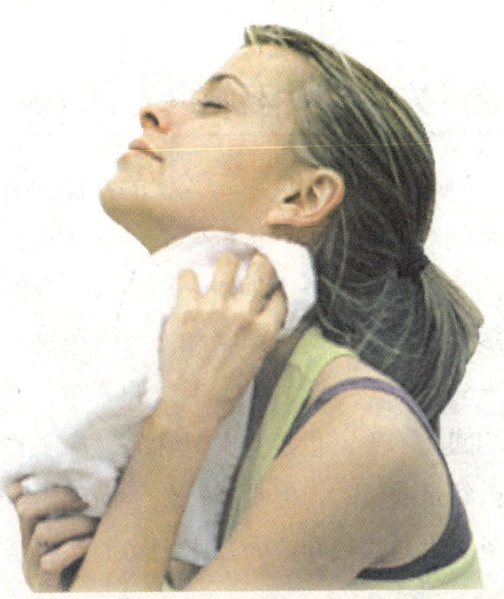

冷了为什么会起鸡皮疙瘩

我们的皮肤上面，长着好多好多的细毛毛，人们管它们叫“汗毛”。在每根汗毛的底下，都连着一条小小的肌肉叫竖毛肌，竖毛肌的一头连着皮肤。当人的皮肤遇到冷风，或者遇到冷水刺激时，竖毛肌就会立刻收缩，这样汗毛也就竖起来了，同时又把汗毛拉起一块小疙瘩，看上去就象鸡的皮肤一样。所以人们就

叫它鸡皮疙瘩。人的皮肤不仅在受凉的时候容易起鸡皮疙瘩，就是在受惊、害怕或者生气的时候，也是会起鸡皮疙瘩的。

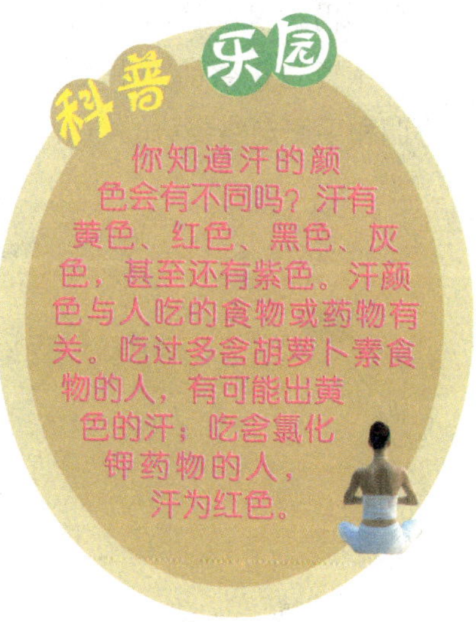

科普乐园
你知道汗的颜色会有不同吗？汗有黄色、红色、黑色、灰色，甚至还有紫色。汗颜色与人吃的食物或药物有关。吃过多含胡萝卜素食物的人，有可能出黄色的汗；吃含氯化钾药物的人，汗为红色。

人身体左右两边对称吗

左右不相称的人体

在人们的印象中，人体的左侧和右侧似乎都是对称的。因为谁都知道，如果通过鼻子到两腿中间作一条中轴线，那么，一双脚、两条腿、一双手、两只眼睛和一对耳朵等，就显得十分对称。除此之外，毛发的分布，人体表面的凹凸不平，也是左右对称的。鼻子和舌头等虽然是成单的，但是鼻子位于面部的中央，舌头居于口腔中间，而且它们的形状也是左右对

称的。其实，人体的左右两侧并不完全对称。一个小小的实验可以证明这一点：拿一张自己的正面照片，依正中线分成左右两半，然后分别按左半部和右半部复原，结果就会得到两个与原来不同的人像。

人为什么长得不一样呢

人的相貌总是千差万别，各不相同。人们认为人主要是看脸，所以相貌不同是区别每个人的重要因素，这主要是因为精子和卵子相结合后，基因的排列顺序不同，所以就导致万人万相。

青少年为什么容易驼背

青少年含胸、驼背不仅影响体形美，而且会影响心肺发育，容易疲劳，不能坚持长时间的站立。而形成这种情况的原因主要是，孩子个子长得快，但相关配套如学校的坐椅不见“长”；青春期发育尤其是女孩青春期胸部发育，使她们有意识无意识地驼背含胸。此外，沉重的书包、错误的背包方

式、不正确的走路姿势、不正规的坐姿、长时间的伏案看书、长时间玩电脑等都会导致孩子出现驼背含胸的情况。

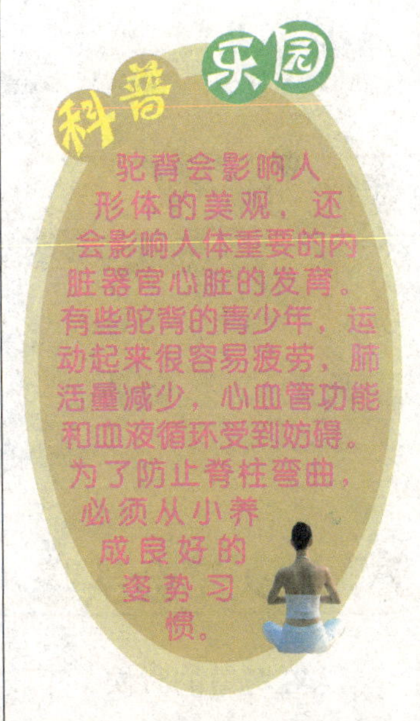

科普乐园
驼背会影响人形体的美观，还会影响人体重要的内脏器官心脏的发育。有些驼背的青少年，运动起来很容易疲劳，肺活量减少，心血管功能和血液循环受到妨碍。为了防止脊柱弯曲，必须从小养成良好的姿势习惯。

为什么会有头晕现象

感冒时会头疼

头痛是一种常见症状，几乎每个人一生中均会有头痛发生。头痛主要是由于头部的血管、神经、脑膜等对疼痛敏感的组织受到刺激引起的。由紧张、疲劳、饮酒等原因造成的头痛经过休息之后可自然消退。头痛即可作为神经系统原发病的一个早期症状或中、晚期症状，如脑出血病人多较早出现剧烈头痛，脑肿瘤患者以头痛为主者更是普遍；头痛也可以是颈部疾病，肩部疾病及背部疾病的症状，也可以是全身疾病在头部的一个表现形式，如严重的细菌性感染时出现的头痛。正是由于引起头痛的原因多而复杂，因此其临床分类也十分复杂。

蹲久了会头晕

人在蹲着的时候，下肢呈屈曲状态。这时下肢的血管受到挤压，血液不容易往下肢流动，下肢就会处于轻微缺血状态，时间长了还会感觉麻木。当久蹲后突然站起时，下肢血管一下子恢复畅通，就像猛然打开了闸门，血液会大量地往下肢涌去。

人在一定时间内产生的血液量是一定的，大量的血液涌向下肢，这样一来，头部的血液就不够用了，大脑也就一时得不到充足的氧气和营养的供应，所以大部分人就会出现头晕、心跳、黑视的现象。在身体适应并调整过来后，大部分人的这种现象会很快消失。所以，这种现象大都是正常生理现象，并不是贫血之类的疾病。

转圈圈会头晕

在每个人的内耳里，都长着管理人体平衡的器官，叫迷路。迷路里装有淋巴液，人体转动时，这些淋巴液会随着头的旋转而流动，向迷路的神经细胞发出信息，把人体运动状况报告给大脑。连着转圈时，迷路会因连续受刺激而过度兴奋，便发生头晕。

为什么夏天会变瘦

夏天人体所需热量降低

夏天时，气温每增高10摄氏度，身体平均就会减少70卡的需要量，夏天身体所需热量降低，使人不觉得饥饿。出汗多身体组织内水分消耗大，喝水过多冲淡胃液不易消化食物；天气热会影响人的睡眠等。这些原因都会使人变瘦，这种瘦是正常的，不是生病，到了冬天自然又会胖起来。

注意补充盐分和维生素

高温季节最好每人每天补充维生素B_1、B_2各2毫克，维生素C50毫克，钙1克，这样可减少体内糖类和组织蛋白的消耗，有益于健康。也可多吃一些富含上述营养成分的食物，如西瓜、黄瓜、番茄、豆类及其制品、动物肝肾、虾皮等，亦可饮用一些果汁。

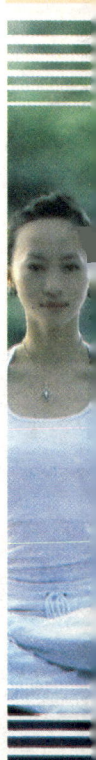

不要暴饮暴食，少食冷饮

夏季暑热，肠胃功能受其影响而减弱，因此在饮食方面，就要调配好，有助于脾胃功能的增强。细粮与粗粮要适当搭配吃，一个星期应吃餐粗粮，稀与干要适当安排。夏季以二稀一干为宜，早上吃面食、豆浆，中餐吃干饭，晚上吃粥。热时适当吃一些冷饮或饮料可起到一定的祛暑降温作用。但雪糕、冰砖等多用牛奶、蛋粉、糖等制成，不可食之过多。大部分饮料的营养价值不高，也少饮为好。

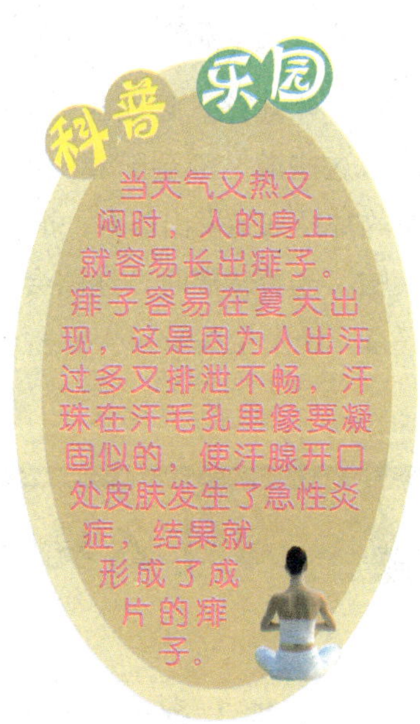

科普乐园

当天气又热又闷时，人的身上就容易长出痱子。痱子容易在夏天出现，这是因为人出汗过多又排泄不畅，汗珠在汗毛孔里像要凝固似的，使汗腺开口处皮肤发生了急性炎症，结果就形成了成片的痱子。

肝脏在人体内起什么作用

人体的化工厂

肝脏是人体的生化工厂，在里面发生着许多化学反应，这些反应每时每刻都在进行着。当肠道吸收的营养物质运送到肝脏后，“化工厂”把它们加工转化成糖、脂肪和蛋白酶；肝脏下面有个胆囊，里面的胆汁就是肝脏分泌的，胆汁流入肠道，帮助消化和吸收脂肪；另外在化学反应过程中，会产生有毒物质，肝脏处理和分解有毒物质，然后通过胆汁或尿液排除体外。

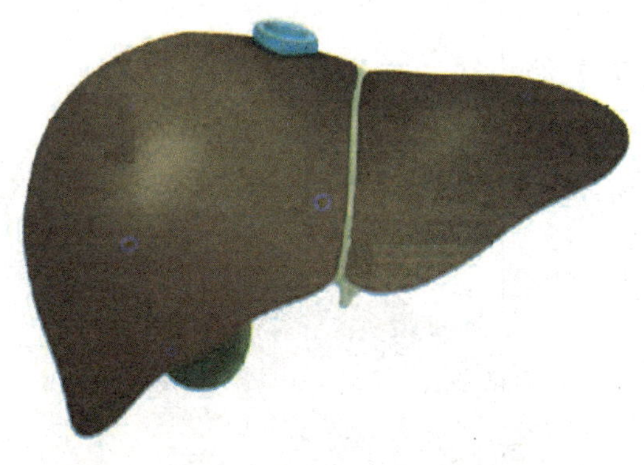

运动对心脏有益吗

越来越多的心脏病学家开始相信，患遗传性心脏病的人，经过体育锻炼之后，病情只能得到稍许的缓和。据研究，在他们20岁之后，血液中的胆固醇含量很快就会随年龄变大而增加，逐渐积累在动脉壁上。如果患者经常抽烟、饮酒，或进食胆固醇很高的食物，这个过程就会加快发展。尽管大运动量有利于产生高密度的脂蛋白，它能清除血液中的胆固醇，但是作用并不是很大。因为胆固醇的积累速度可能比高密度脂蛋白清除它的速度要快。结果胆固醇逐渐堵塞了通向心脏的血管，使心脏不易得到氧气。动脉既然不畅通，那么任何激烈运动都会对心血管系统造成致命的打击。

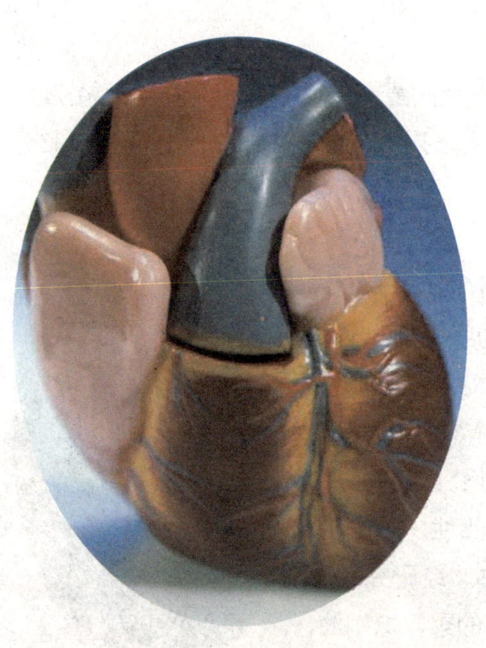

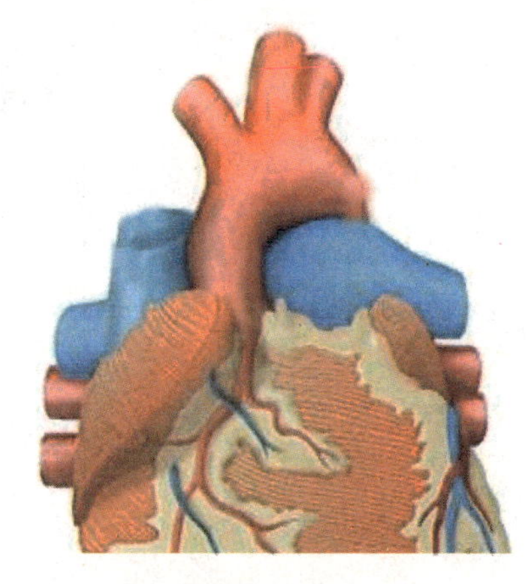

胃病会传染吗

人与人之间有传播胃病病菌的可能，患者牙筋中存在着大量的幽门螺杆菌，可以通过唾液或飞沫感染他人，尤其是共同进餐的一家人。故常见家庭成员中有多人同患“胃病”。人与人之间还可以通过粪便途径感染。此外，还可以通过消毒不彻底的内窥镜，特别是胃镜传播。 因此，胃病也应列入消化道传染病的范畴，“胃病不传染”的传统观念应改变,平时要注意养成卫生的生活习惯。

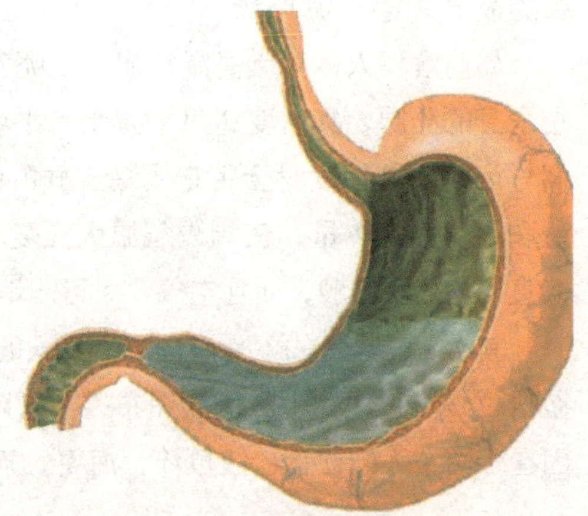

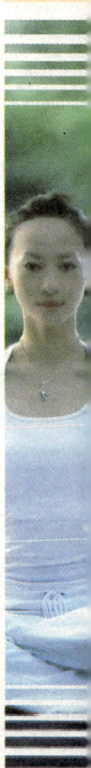

人体怎样保持37℃体温

自我调节体温

无论春夏秋冬，我们的体温总是保持在37℃左右，否则我们就会生病，甚至死亡。人体怎样保持37℃恒定体温呢？原来大脑内有体温调节中枢，它控制着“产热”和“散热”过程：当外界温度过低时，让皮肤血管收缩，减少热量的散失，加快新陈代谢，分解糖产生热量；当环境温度升高时，中枢发出命令，加快血液循环，通过皮肤分泌汗液，汗液蒸发，带走体表的热量。

科普乐园

猜个小谜语

大如拳头像个桃，
关在小房日夜跳，
伴你工作和休息，
人人说它最重要。

谜底：心脏

人体能耐多高温度

科学家们对人体在干燥空气环境中能忍受的最高温度作过试验：人体在71℃环境中，能坚持整整1个小时；在82℃时，能坚持49分钟；在93℃时，能坚持33分钟；在104℃时，则仅能坚持26分钟。此外，人置身其间尚能呼吸的极限温度约为116℃。

如何解释人体对于高温的耐热性呢？首先，人体有满布全身的汗腺，其密度达每平方厘米平均为410条。当它们分泌的汗液挥发时会带走紧贴皮肤的空气中的大量热量和人体内的热量，使周围气温大幅度下降。但人体不能直接与热源接触，而且空气要尽可能地干燥。

其次，低热量的素食有助于提高人的耐热性。居住在撒哈拉沙漠腹地的少数民族图布人非常耐热，经研究，原因在于图布人的饮食：浓草汁，海枣，煮熟的黍，棕榈油，

粉状根做的调料汁。

凡是到过中亚细亚的人，都会感觉到那里30～40℃的气温还是较易于忍受的。但在莫斯科或列宁格勒，即使当地气温低于中亚细亚，人的感觉却并不佳。这是因为苏联中部地区的温度，要远比中亚细亚的大多数地区高得多的缘故。同样的道理，当人体浸在热水中时，因无法用排汗蒸发的途径散热，所以在水中耐高温能力就要明显逊于在干燥的空气中耐热能力。

人的身体为什么会有不同气味

每个人都有不同的气味

每个人身上都有不同的气味，这个与个人所吃的食物成分和新陈代谢的不同有关。人体上能产生气味的物质达千余种，这些气味主要来自呼吸器官、汗液、尿液、胃肠和皮肤表面排出的物质。

汗液有味道吗

汗有味道吗？汗不仅有味道，而且是咸的。难道汗液里有盐吗？

让我们先来了解一下汗液中的成分。汗液中99.2%～99.7%是水分，其他的固体成分包括钠80毫克当量/升，氯86.5毫克当量/升，钾5毫克当量/升，钙1毫克当量/升。另外还有少量尿素氨、葡萄糖、乳酸等。从以上的数字中，我们可以知道钠和氯在汗液的固体成分中占多数，而他们的结合便是氯化钠。那就是平时我们食盐中的主要成分。所以汗液是咸的。

人体为什么会导电

因为人体组织中含有大量水分，矿物质和电解质，所以人体会导电。人体的导电率的高低还与皮肤的干湿程度有关，粗糙而干燥的皮肤电阻可达数万欧姆，细嫩而潮湿的皮肤，电阻可降至800欧姆以下，人体的导电程度与电压和人体电阻有关。人体短时间忍受的电流约为30毫安以下，一般人体感知电流为1毫安左右，通过人体的电流大于30毫安数秒钟将引起生命危险。

为什么有些人会晕车船

在波涛汹涌的海面上，在上下颠簸的汽车上，有的人会头晕目眩，呕吐不止，这就是人们常说的晕船、晕车。这是什么原因呢？原来这是由我们的内耳平衡感受器引起，由于汽车不停地改变速度，或者紧急刹车，这样长时间强烈震动，刺激内耳平衡感受器，使它产生过敏反应，造成神经功能异常，使人出现呼吸急促、眩晕、呕吐、出冷汗、全身软弱、面色发白的现象。

科普乐园

人体内耳朵里有两个球形的囊和三个相互垂直的半圆形管子，这就是管理人体平衡的感受器。椭圆囊和球囊里长着耳石器，管理着头部位置和人体的直线运动平衡，一旦失衡，它就报告大脑，然后支配相关肌肉，使头部和身体保持平衡。三个半圆管子有感觉毛细胞，当人体旋转时，它会产生神经冲动，传入大脑后获得人体在空中的位置的感觉，并且反射性地引起肌肉收缩或舒张，维持人体在空中平衡。

人的血液里有什么

血液的组成成分

人的血液是一种红色黏稠的液体。它是由淡黄色半透明的血浆和血细胞组成的。血细胞里有红细胞、白细胞和血小板，红细胞是红颜色的，所以看上去血液是红颜色的。白细胞比红细胞大，是人体的护卫兵，它能把侵入体内的细菌消灭。血小板最小，是负责凝血的。

血液为什么是红色的

人的血液里，有一种红细胞，红细胞里有红色含铁的血红蛋白，所以使红细胞成为红色的。血液里的红细胞特别特别多，在很小的一滴血液中，就有几百万个红细胞，血液里有这么多的红细胞，血液就成了红色的了。

科普乐园

胎儿在母体内两周左右，就已经有了血管，可以合成血红蛋白了。胎儿逐渐长大，肝和脾是它的主要造血器官。婴儿的造血器官不同于胎儿，红骨髓已经取代了肝和脾的功能，而且最终成为人体最重要、最基本的造血器官。

人为什么会长肚脐眼

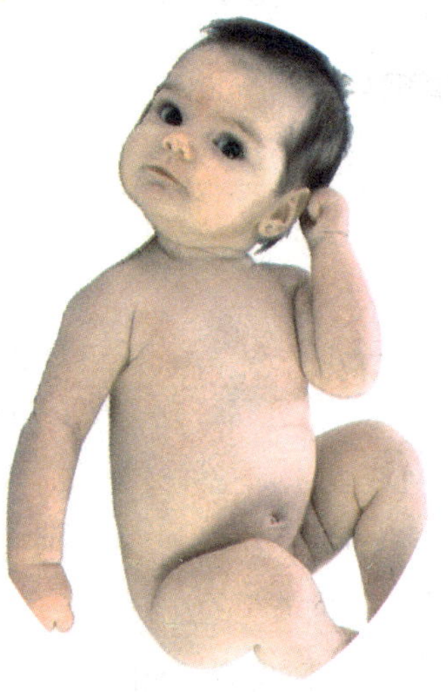

胎儿要在母腹中生长发育，就必须不断地从妈妈身上摄取营养和氧气。然而，在母腹中，胎儿有嘴不能吃食，有鼻无法呼吸，新生命在孕育过程中所需的一切，只能靠胎盘吸附在母体上摄取，通过脐带输送到胎儿体内。婴儿呱呱坠地以后，胎盘和脐带失去了原有的作用，完成了它的历史使命，于是医生就把它们从婴孩身上剪下来。由于脐带上没有什么感觉神经，婴孩也就不会感到疼痛了。那剩下的一截过几天还会自动脱落，从此就在人身上永远留下了一个小小的肚脐眼。

在胚胎的一定时期内，脐是一个四通八达的“门户”，它既与膀胱相连，又与肠子相连。随着胎儿的发育，这些相连部分逐渐退化、分离，脐与肠子和膀胱的联系也就“断绝”了。假如因故退化不全，尿液和粪便就有可能从脐部漏出来。不过这种情况毕竟是少见的。

科普乐园

肚脐内很容易沉着污垢，不及时清洗，就可能产生异味，用手指抠肚脐内的脏东西也不是不可以，只是抠时不能太用力了，因为肚脐的皮肤很薄，如果抠肚脐的话可能会造成皮肤红肿或发炎，如果是要擦掉肚脐里面的污垢的话，用毛巾沾温水轻轻的擦拭就可以了。

胃在人体内有什么作用

胃为什么能消化食物

胃是人体主要的消化器官之一，胃能分泌胃液，可以杀死食物中的细菌，使富含纤维的食物变得柔软，把食物中的蛋白质分解成便于人体吸收的氨基酸。

胃不会把自己消化掉

胃能消化肉类，但却不能把自己消化掉，这是因为胃有自我保护的方法。胃能分泌一种黏液，在胃的内表面形成一层保护膜，保护胃不被消化和腐蚀，而是只把食物消化掉。

人的胃能否消化掉铁

人体需要铁，但是人又不能吃铁钉，从哪儿得到铁呢？我们平时能从含铁化合物的食物中得到铁，而且胃还可以消化铁制器皿上的铁，如锅、铁盆、铁勺等上面的铁锈和铁屑。

肚子饿了为什么咕咕叫

在我们的肚子里，有一个象口袋一样的东西叫胃。

平常吃的饭呀，喝的水呀，都先到胃里去，经过胃不断地一伸一缩，就把食物揉烂了。再加上胃里还有帮助消化食物的胃液，人吃到胃里的东西就变成了粥糊糊一样的东西，然后再一点一点地送到小肠里，胃就空瘪啦。胃虽然空了，但是胃里还剩下一点点胃液和吃饭时咽下的一些气体。过了些时候，当胃又开始不停地、有规律地收缩时，人们就会感到饥饿，气体在胃里被赶得东窜西躲，肚子就会咕咕地“叫”起来了。

脊柱有什么作用

支撑人体的“顶梁柱”

脊柱俗称“脊梁骨”，是人和脊椎动物的中轴骨胳，由若干形状不规则的椎骨借椎间盘、韧带互相连接而成。具有支持躯干、保护内脏器官的作用。脊柱内有脊髓，是重要的神经系统，脊柱对它也有保护作用。人的脊柱包括颈椎7块，胸椎20块，腰椎5块，骶骨1块（由5块骶椎合成），尾骨1块（由4块尾椎合成）。椎骨有一个突向背侧的棘突，在背部的正中线上可以在皮下摸到，是经穴定位的重要标志之一。脊柱内部有纵行的“椎管”，容纳脊髓。在正常情况下，脊柱有向前、后方的四个弯曲，其中颈、腰两部向前凸，胸、骶两部向后凸。脊柱的弯曲不仅有利于直立姿势，更重要的是增加了脊柱的弹性，可以缓冲行走、跳跃时的震荡，具有保护意义。这种弯曲也往往因长期姿势不正或疾病影响而过度后凸，引起畸形，成为驼背。

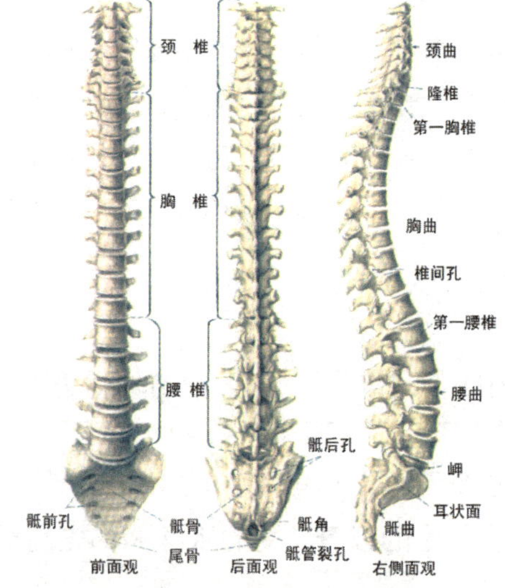

脊髓有什么作用

脊髓位于椎管内，呈圆柱形，前后稍偏，外包被膜，它与脊柱的弯曲一致。脊髓的上端在平齐枕骨大孔处与延髓相连，下端平齐第一腰椎下缘，长约40～45厘米。脊髓的末端变细，称为脊髓圆柱。自脊髓圆柱向下延为细长的终丝，它已是无神经组织的细丛，在第二骶椎水平为硬脊膜包裹，向下止于尾骨的背面。脊髓系中枢神经的一部分。脊髓两旁发出许多成对的神经（称为脊神经）分布到全身皮肤、肌肉和内脏器官。脊髓是周围神经与脑之间的通路。也是许多简单反射活动的低级中枢。脊柱外伤时，常会并发脊髓损伤。严重脊髓损伤可引起下肢瘫痪、大小便失禁等。

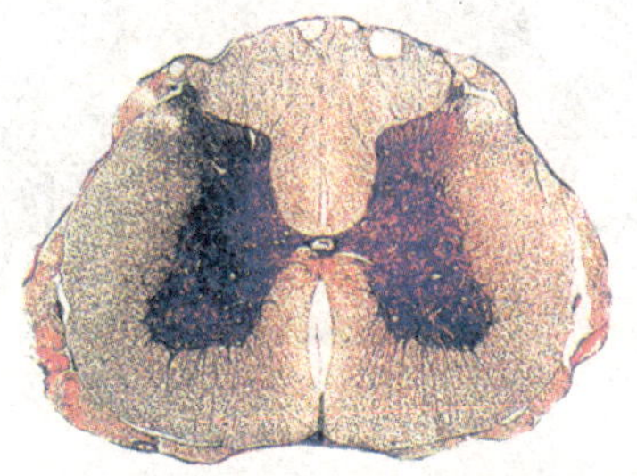

人为什么要呼吸

呼吸的作用

呼吸的主要作用是向身体供氧，用来氧化食物以释放出能量。同时，排出生命过程中产生的废料——二氧化碳。呼吸动作通常是下意识的，但是能在一定限度内有意识地加以控制。

不能在水里呼吸

人是靠鼻子和肺等器官来进行呼吸的。在水里，肺没有呼吸水中的氧气的本领，所以人不能在水里呼吸。如果在水里不小心吸进水，很容易呛死。

吸烟与死亡

每吸一口烟，吸烟者就吸入了4000多种不同的化学物质，其中的知名物质有焦油，一氧化碳和尼古丁。经研究发现，吸烟是造成健康受损的主要原因。吸烟不但可能导致肺癌，还可能导致心脏病和其他许多严重的疾病。研究现实，已经死亡的烟民中几乎一半是被香烟杀死的。

人工呼吸

如果有人突然停止呼吸，氧气供应就会被切断，人在几分中内便会死亡。在这种紧急情况下，人工呼吸可能会挽救人的生命。其方法是先确定患者的呼吸道没有被堵塞，然后捏住患者的鼻子并向其肺内吹气。这样就保持了患者肺部的氧气供应，并有可能使患者恢复呼吸。

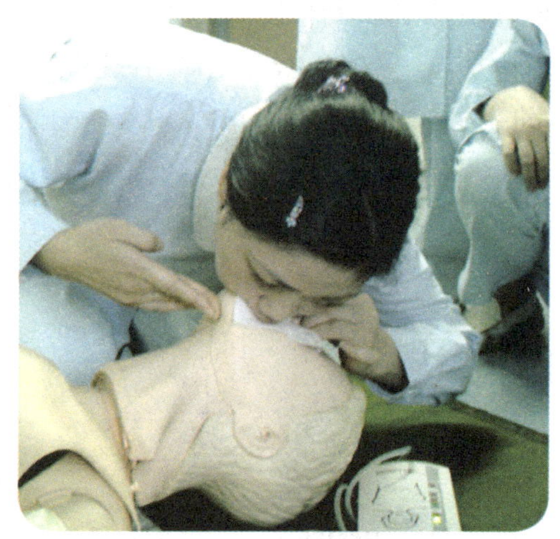

人为什么会衰老

老年时期

随着年龄的增长，人们会一天天衰老。大脑也随之开始退化。尤其是进入老年期后。由脑细胞退化和死亡引起的疾病会导致老年人丧失记忆力、迷失方向、改变性格并产生幻觉。

人到底为什么会衰老呢？现代医学对衰老原因的认识是：

过度氧化

人体过度氧化的危害会表现在，加速衰老、疾病、死亡；导致肿瘤迅速生长；引发炎症、自身免疫反应而使身体健康遭受破坏；产生色素沉着，色斑出现。

细胞的寿命

细胞的间隙被代谢废物充填也会导致细胞衰老；细胞突变，染色体畸变也会诱发衰老，常见原因包括电离辐射、放射线危害等。

神经系统

人体组织细胞大约每67年就要更换成新细胞。这些衰老的细胞死亡了，但人的生命并不因此而死亡，这是因为新的细胞都有新生能力的缘故。而神经细胞是没有再生能力的，它的衰老死亡，可招致人体整个生命的衰老死亡。

脑衰则全身衰

受到精神打击的人，会突然衰老下去，说明大脑中枢对衰老有着巨大的影响。有的人在相濡以沫的老伴去世后，不久也会悄然而去，这就是衰老受中枢神经影响的典型例子。

蛋白质的老化

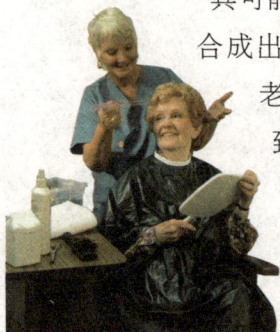

其可能途径有：蛋白质合成出现差错；核蛋白老化；异常基因导致蛋白质合成障碍，从而引起生命的衰老。

内分泌系统功能减退

有学者认为，性腺、甲状腺、肾上腺、脑垂体等功能的减退，会诱导人体迅速衰老。比如说有甲状腺疾病的病人就很容易出现早衰。近年来，因胸腺萎缩而促使衰老加剧的观点，也越来越引起专家学者们的注意。

微循环障碍

由于人体大量代谢废物的沉积和病理性代谢渣滓的黏着，破坏了许多微血管系统，从而导致血管的管腔狭窄，甚至封闭，导致微循环、循环发生障碍，使生命代谢的交换活动受到限制，从而导致了细胞的衰老。

另外，身体中毒、营养不良都会导致人的衰老。

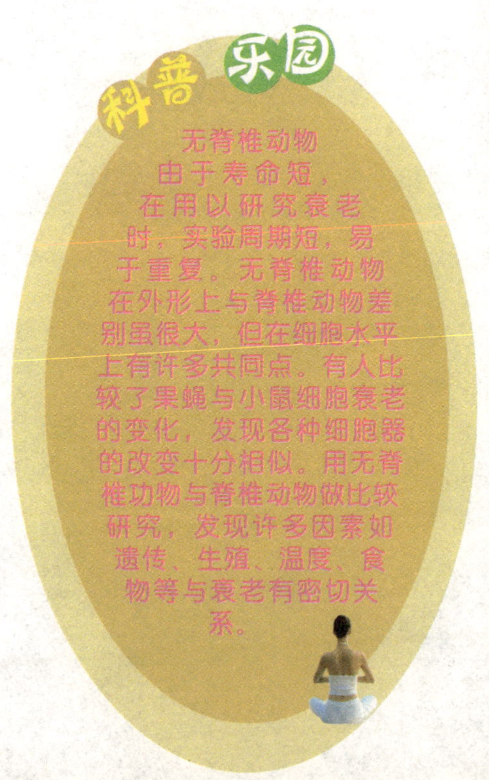

科普乐园
无脊椎动物由于寿命短，在用以研究衰老时，实验周期短，易于重复。无脊椎动物在外形上与脊椎动物差别虽很大，但在细胞水平上有许多共同点。有人比较了果蝇与小鼠细胞衰老的变化，发现各种细胞器的改变十分相似。用无脊椎动物与脊椎动物做比较研究，发现许多因素如遗传、生殖、温度、食物等与衰老有密切关系。

奇妙人体百科

第四章

人体的四肢

RentiDeSizhi

人体的四肢不仅指通常所说的手足，它还细分为上肢、前臂、手、下肢、大腿、小腿、足、半月板。对于青春发育过程的少年儿童，能更多地了解人体四肢的常识，将更有益于他们的成长和健康。

长身高的最佳年龄

在少年儿童身体发育过程中，何时身高长得最快呢？研究证实，绝大多数中国汉族儿童的身高突增高峰为女童12岁左右、男童14岁左右；90%以上女童身高增长最快的年龄在11～13岁之间，男童为13～15岁之间。为了让孩子长得高一些，家长尤其应注意孩子在生长快速期的营养、运动等问题。

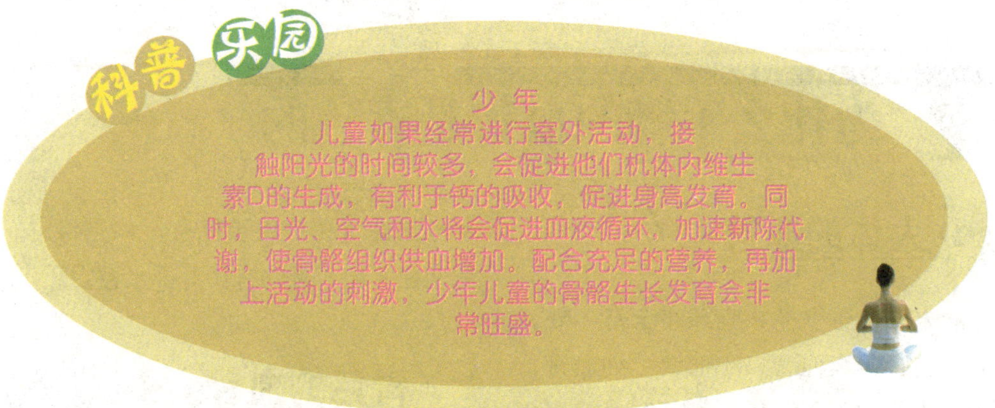

科普乐园
少年儿童如果经常进行室外活动，接触阳光的时间较多，会促进他们机体内维生素D的生成，有利于钙的吸收，促进身高发育。同时，日光、空气和水将会促进血液循环，加速新陈代谢，使骨骼组织供血增加。配合充足的营养，再加上活动的刺激，少年儿童的骨骼生长发育会非常旺盛。

为什么身高早晚有别

如果你晚上临睡觉时量一下身高，清早起来之后，再测量一下，就会发现身高长了1～2厘米。早晨高一些，晚上矮一些。

原来，人的脊柱是由7块颈椎、12块胸椎、5块腰椎组成的。成人脊柱有三处弯曲，颈前前凸，胸弯后凸，腰弯又前凸形成一个S形。椎骨之间代椎间盘接连。椎间盘上下板的软骨有弹性，起减震的作用。软骨受到外面的压力时就会变薄，脊柱的弯度也会因外力而增加。由于白天我们活动较多，就是不背重物，脊柱受自身的重力也会使它缩短。所以到了晚上测量身高时，身高变矮。经过一夜休息以后，脊柱之间的软骨慢慢变厚，所以早晨测量时，身高高一些。

另外，使人体长高的生长激素的分泌量在睡眠时也比白天多。

为什么手脚的血管是青色的

人体的血管

人的血管很多，它遍布全身各处。血管包括：大血管、小血管、细血管，还有人用肉眼看不清楚的毛细血管。成年人的血管可达上千亿条，如果将它们都连在一起，大约有10万千米左右。

青色的血管

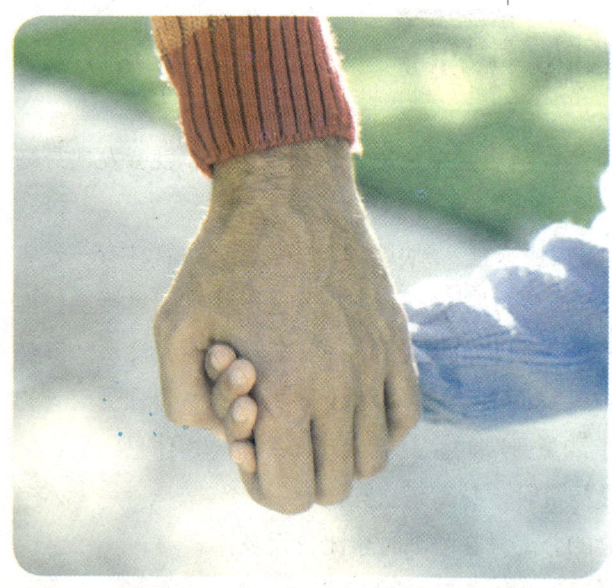

在不同的血管中，血液因含有的氧气量不同，呈两种颜色：鲜红色和紫红色。在肺中吸足了氧气后，血液是鲜红色的，这样的血把氧送到身体的各部分后，氧气减少了，颜色就变成了紫色。这种紫色的血液，透过手脚上的皮肤和血管壁，就变成了青色的。含有大量氧气的鲜红色血液在皮肤的深处血管中，外面是看不到这种血管的。

指甲是怎样长出来的

指甲也是独立的个体

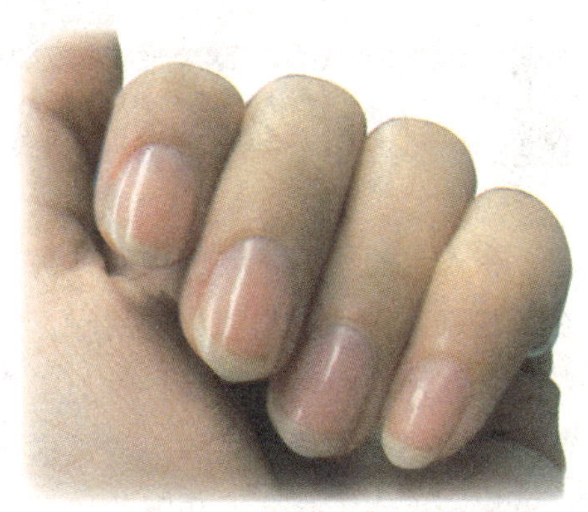

指甲不是手指骨头的尖。指甲也和头发一样，都是自己长出来的。指甲像树一样也有根，指甲根里面有许多能够长成指甲的细胞，这种细胞是活的，而且长得特别快，它一个劲地长呀长，就长成指甲了。

指甲为什么会不停地长

指甲和头发一样，都是由一种硬角蛋白组成的，是从表皮细胞演变而来的。表皮细胞从出生一直到死，不断地在一层一层地生长替换，新的角蛋白不断生长出来。因此，指甲总是在不停地生长。

指甲生长的速度是不一样的，婴儿、老人、病人长得慢，青壮年、身体棒的人长得快。夏秋季节，人体各部位的新陈代谢比较快，指甲长得也快，冬季指甲就相对长得慢些。

为什么剪指甲感觉不到疼

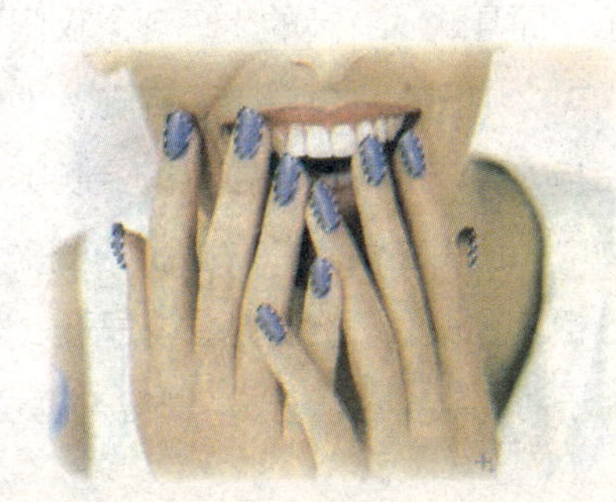

一般来说，当人的皮肤和肌肉受到外力的损伤时，人就会感觉到疼痛。这是因为在皮肤和肌肉中藏有许多神经，其中就有专门感觉疼痛的神经。而我们的指甲虽然也是从肉里生长出来的，但

它只是一种骨状的甲壳，内部没有任何神经组织，根本不可能有任何感觉，当然也感觉不到疼痛。再加上手指、脚趾的前端又与肉体是分开的，所以我们剪指甲时，是感觉不到半点疼痛的。

为什么多数人喜欢用右手

在人类的早期，人们用石斧、石矛与野兽搏斗，与邻族交战时，总是本能地弯曲左手来保护身上重要的器官——胸膛左侧的心脏，这时，只能用右手拿武器和野兽搏斗了。

以后，随着时间的推移，人们在劳动中更多地使用右手。于是管右手的大脑左半部渐渐地比管左手的右半脑更加发达。这样人们就渐渐养成了爱用右手的习惯。

但是，从最近的调查表明，现代人的左、右大脑半球的差异越来越小了。这是因为现代人的劳动变得越来越需要双手紧密配合相互协作才能完成，所以，左右大脑的差异也越来越小了。

左撇子和右撇子，谁是强者

大多人习惯于用右手，只有少数人对左手使用有所偏爱。为此，在20世纪70年代科学家进行了一次广泛的调查，发现人类中有10%是左撇子，而且这种有趣的生理现象仅限于人类之中。在动物身上不存在，即使在与人类亲缘关系最接近的灵长类动物中，使用左前肢和右前肢的概率几乎相等。那么，究竟是左撇子还是右撇子对人类生存适应更有利？究竟谁更聪明一些呢？长期以来，这个不解之谜一直使科学家们感到困惑。

早在一个多世纪前，人们认为左撇子是一种不正常的生理现象，甚至把它看成是一

种疾病。以为这是由于产妇遇到难产时，婴儿的左侧大脑（具有控制右手以及文字和语言功能）受到了损害。使婴儿在以后的生长过程中经常地使用左手，因此，凡是左撇子者往往伴随有口吃和智力迟钝的现象。

但事实证明情况并不完全如此，我们周围的许多左撇子，不仅没有口吃和智力迟钝，而且他们的才智聪过人，特别是在一些需要想象力和空间距离感的职业中，左撇子者很多都是最优秀的人才。

为什么左撇子天生敏捷呢？从神经生理机制方面进行探讨。现代解剖学已经告诉我们，人的大脑有左右两个半球，它们的功能有所分工，大脑左半球对一切象征性的功能占主要地位，它"负责"推理、逻辑和语言，工作的方法是分析性的，就像电子计算中心那样对信息进行处理。而大脑右半球则专注于几何形状的感觉，"负责"感情、想象力和空间距离，它具有直接对视觉信号进行判断的功能。因此，从"看东西"到进行动作，左撇子和右撇子的神经反应通路有所不同。在从"看"到"动"的过程中，左撇子要少绕一个弯，根据这样的解释，左撇子比右撇子在动作敏捷性方面占优势似乎十分合情合理。

指甲对人的成长有什么作用

看指甲能辨别病症

中医认为，指甲为脏腑气血的外荣，与人体的脏腑经络有直接联系，能够充分地反映人体生理、病理变化。通过观察指甲的形状、大小，颜色能够反映一个人的健康基本状况，甚至看出他潜在的健康危机；而通过指甲的光泽、纹路、斑点等等的变化，则可以推断出身体正在悄悄发生的病变。所以，学会观察指甲，就是学会了一种最为简易的健康自测方法。

指甲对人的作用

指甲的功用，主要是在保护富含神经的指尖免于受伤害。蛋白质、角质素及硫是指甲的主要组成要素，每一周指甲约生长0.05～1.2毫米。指甲不正常的变化与缺乏各种营养素有关。指甲干燥及易裂：缺乏维他命A及钙。处理方式：以专用指甲滋润油强化指甲。出现沟痕：缺乏维他命B。处理方式：可以使用修护沟痕的滋养油。指甲变黑，末端呈圆弧状：缺乏维他命B_{12}。长肉刺：缺乏蛋白质、叶酸、维他命C。处理方式：使用软皮剪，剪除肉刺。并涂抹软皮保养油。出现白色条纹：缺乏蛋白质。长霉菌：体内良性菌（乳酸杆菌）不足。

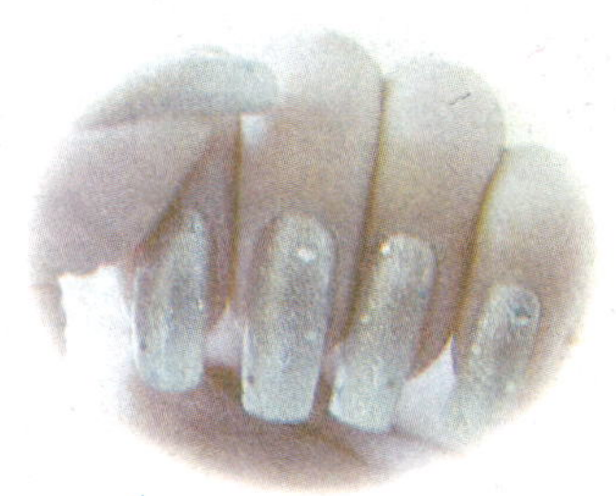

科普乐园

指甲剪完了还会长出来，总也剪不光。指甲是由一种硬甲蛋白组成的，是表皮细胞演变出来的。旧的表皮细胞死亡了，新的表皮细胞又长出来，所以指甲剪了就又长长了。

为什么每个人的指纹都不同

指纹是独一无二的

因为父母基因再结合的过程中，染色体互换概率和位置都不一样，这就是说人体基因组中互换在不同的位置上分别重复不同的次数，而在不同个体的基因组中，对应位置上这种重复次数也不相同。指纹是按孟德尔规律遗传的，而且杂合性高，加上各种基因突变，所以指纹一样的几率为0。

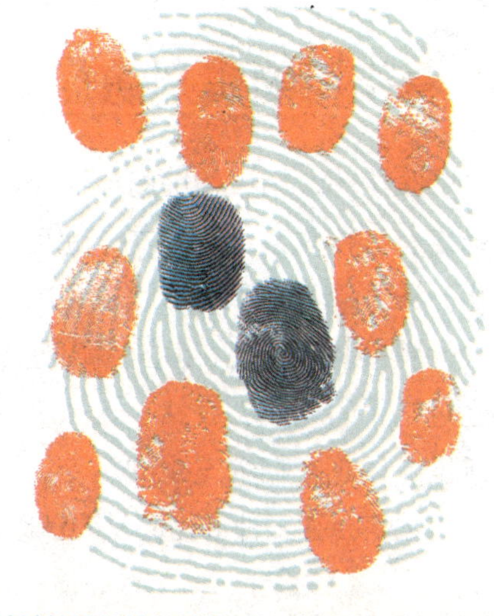

指纹的用途

指纹由皮肤上许多小颗粒排列组成，这些小颗粒感觉非常敏锐，只要用手触摸物体，就会立即把感觉到的冷、热、软、硬等各种“情报”通报给大脑这个司令部，然后，大脑根据这些“情报”，发号施令，指挥动作。指纹还具有增强皮肤摩擦的作用，使手指能紧紧地握住东西，不易滑掉。我们平时画图、写字、拿工具、做手工，所以能够那么得心应手，运用自如，这里面就有指纹的功劳。正因为指纹的这些特征，它很早就引起人们的兴趣。在古代人们把指纹当作“图章”，印在公文上。

据说，在一百多年前，警察就开始利用指纹破案。现在，随着科学技术的发展，指纹在医学上又有了新的用途。有的医生发现，通过检查人的指纹、掌纹，能够查出某些疾病。近年来，指纹又和电子计算机成了好朋友。目前很多商家也都利用指纹独一无二的特性，研制出一些高科技的设备，来体现指纹给生活带来的方便和安全。比如：指纹锁,指纹门禁，指纹考勤机，指纹采集仪，指纹保险柜以及网络指纹登陆技术等等。据调查国内很多高档智能小区都装有指纹锁，指纹门禁，指纹被用到设备最早的是指纹考勤机，公司人事管理者为了杜绝代打卡，纷纷采用指纹考勤机。同时我国首家网络指纹登陆技术提供商已推出测试版，有望解决网络帐号安全性问题。

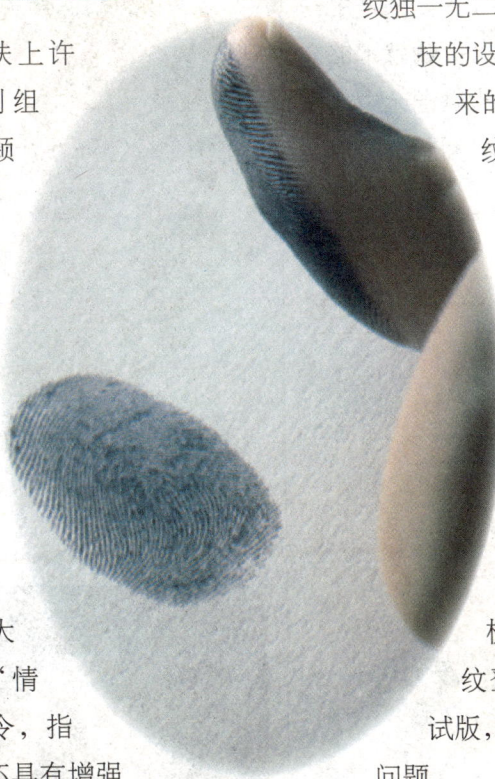

大拇指为什么只有两节

人是从古猿进化来的。古猿三节的指和趾特别适合在树上攀爬，而两节的拇指起到支撑作用。后来古猿下地直立行走，又学会使用工具，拇指变得粗壮有力，能与其他四指配

合活动，这是进化的结果。

科学家研究表明，大拇指如果是由一节组成，它与其他四指配合抓物就不够方便；如果是三节，又会显出软弱无力，没法胜任力量比较大的动作，而两节恰恰是最合理的生理结构。

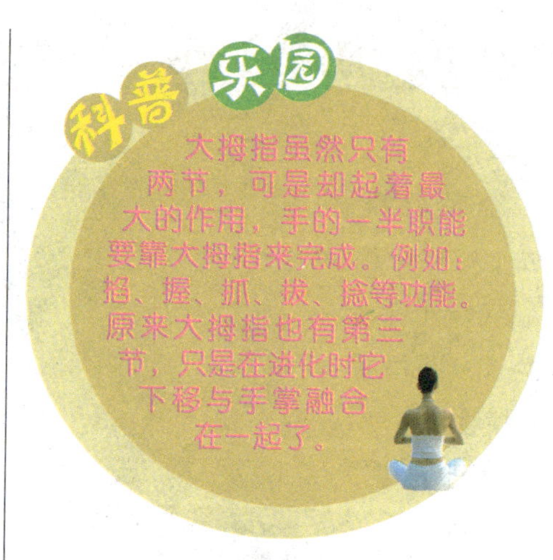

科普乐园
孪生兄弟，履行协议，
你追我赶，你起我落；
十个和尚，分居两旁，
日同行路，夜同卧床。
大拇指虽然只有两节，可是却起着最大的作用，手的一半职能要靠大拇指来完成。例如：掐、握、抓、拔、捻等功能。原来大拇指也有第三节，只是在进化时它下移与手掌融合在一起了。

两只脚的作用一样吗

左脚和右脚在形状上没什么大的区别，但在功能上却有些差别。大部分人主要是以左脚支撑身体，经常用右脚做动作。譬如，铁饼运动员在扔铁饼时，就是以左脚为轴，右脚旋转着使身体转起来的。

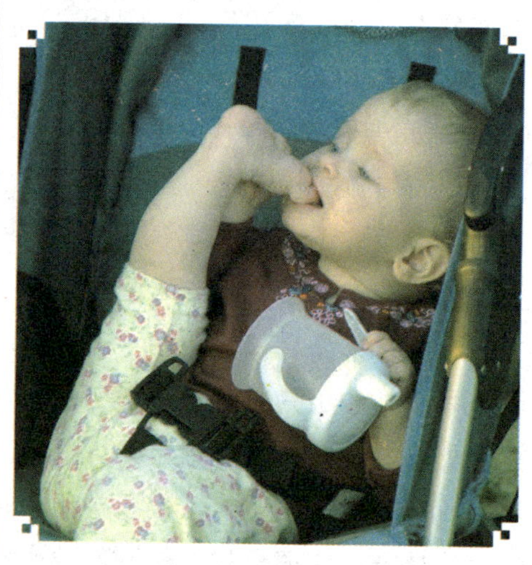

为什么扁平足的人站着容易累

脚上为什么会有足弓

大多数人的脚底不是平的，脚的内侧向上隆起，形成一个弓状，这就是足弓。足弓配合肌肉的收缩力量和韧带的作用可以平衡体重，能使人站立时轻松些。足弓可以增加脚底的弹性，减少身体震动，使脑子等器官不受损伤。

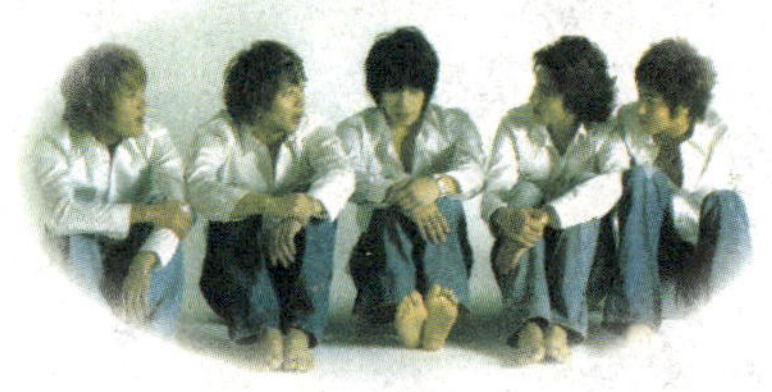

什么是扁平足

扁平足是指足纵弓降低或消失，有外翻畸形，站立时足弓塌陷，内缘接近地面，足纵弓与横弓较正常人角度大。凡足印实体超过标准线（足跟主足第三趾中点连线）即为扁平足。其发病率占人群的7.1%。

事实上所有二到三岁的小孩子都是扁平足，之后足弓才慢慢发育出来。发育好的足弓也是有高有低，即使成年人脚底比较平一点，也不算是疾病，只有足弓扁平并伴有脚部骨骼畸形、走路疼痛，才算是疾病。

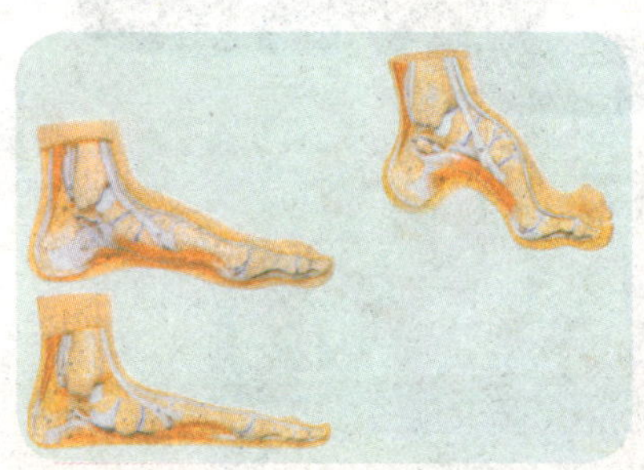

扁平足对人体的害处

扁平足的人站久了，就会觉得腰酸背痛的。有足弓的人站立时，身体的大部分重量都落在跟骨和蹠骨上，不容易累；扁平足的人站立时，身体的重量落在脊椎和盆骨上，容易觉得疲劳。

听说过人的第二心脏吗

血液从左心室经过大动脉、动脉、小动脉，再流到毛细血管，给细胞组织输送新鲜空气和营养成分。而返回时，携带二氧化碳从毛细血管经由小静脉、静脉、大静脉回到右心室。血液循环一定是单向输送的。

心脏每一次的跳动可以送出十分之一升的血液。健康的成人平均心率为70次/分钟，等于1分钟送出7升血。也就是说，只要健康的话，全身的5升血1分钟内能够流经心脏。心脏好比是24小时内送出万升血的水泵。

尽管血液得到如此迅猛的输送，但是由于要送到遍及身体各个角落的毛细血管，所以流回心脏的时候，它的压力已经变得很小了。输出的血液流回到心脏凭借的是静脉周围的肌肉的力量。

不过，人体中脚离心脏最远。因此，从心脏送出去的动脉血把营养物质输送到脚的各个组织，然后变成静脉 血携带着废弃物流回到心脏的过程较长，所以要花费大量的时间。而且脚位于身体的最下端，所以流下去的血要是没有足够的压力就很难顺畅地流回心脏。

因此，一旦引起诸如动脉硬化等老化现象的血管障碍，血液就会很难流到脚尖。人上了年纪，脚就容易变得冰冷，功能也会衰退。因血液循环不畅而引起的这类障碍的情况很多。

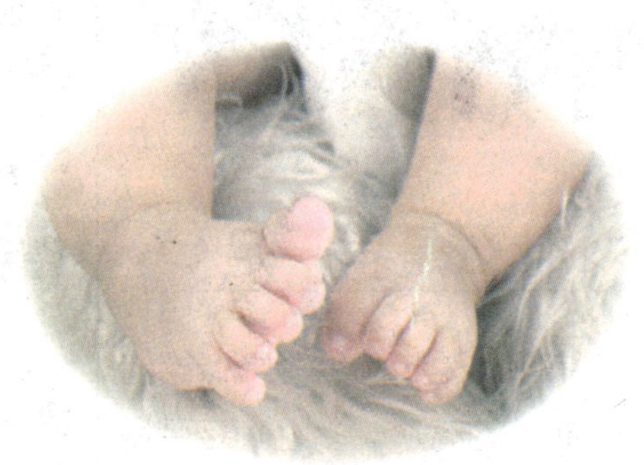

人为什么会手脚麻木

手脚麻木是人们日常生活中常常会出现的症状，如：不正确睡姿、如厕蹲久了均可引发，主要是由于压迫血管和神经引起的。一般会在短时间内消除，不会有什么大问题。

当出现麻木的时候，首先要改变原先的压迫姿势，使受压的血管和神经得到舒张。可以用热毛巾敷一下，能较快消除麻木。也可用手按摩受压迫的部位，以消除麻木。

科普乐园

儿童的骨头是很柔软的，随着年龄的增长，骨头就变粗变硬。成年人的骨头却又硬又脆。人进入老年后，骨骼里的碳酸钙大大增加，磷酸钙减少。碳酸钙比较脆，所以老年人的骨头就容易骨折了。

人为什么会长六根手指

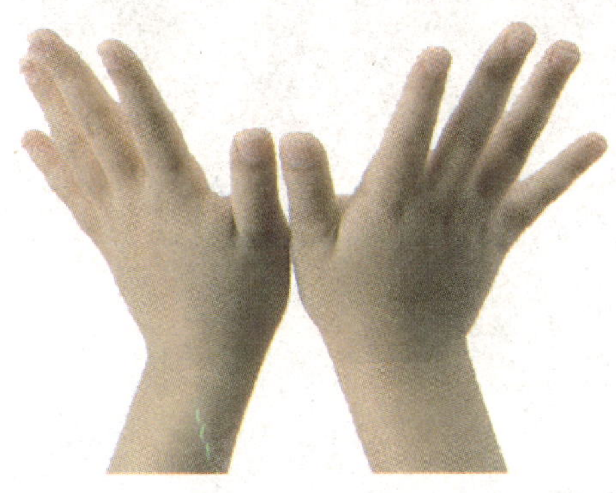

六根手指在医学上称“多指(趾)畸形”。多指(趾)为手指或足趾的数目超过正常的先天性畸形，通常表现为六指(趾)畸形。本症以常染色体显性遗传为主，或呈不规则显性。也可为多基因遗传，有散发病例。

临床主要表现及诊断依据：

(1)手足部骨病，可以有完整的全指发育。

(2)多长一个或几个额外的完整的手指或足趾。

(3)多余指(趾)为不完整的指(趾)，可以单个指骨成双，也可仅有软组织增加成团块，当中无骨、关节、韧带的结构。

(4)本症诊断无困难，但需摄X线片，检查指骨与掌骨发育情况，决定畸形的类型，并结合手指功能以判断何者为多余的手指。

科普乐园
猜个小谜语
十个小伙伴，
分成两个班，
互相团结紧，
倒海又移山。
谜底：手指

验血时为什么扎左手无名指

扎左手是因为大部分人习惯用右手，而无名，相对其它的手指用得比较少。因为手指扎破后被碰到是会痛的，所以按平时日常的习惯选择扎左手手指，只是减少对生活的不便而已。

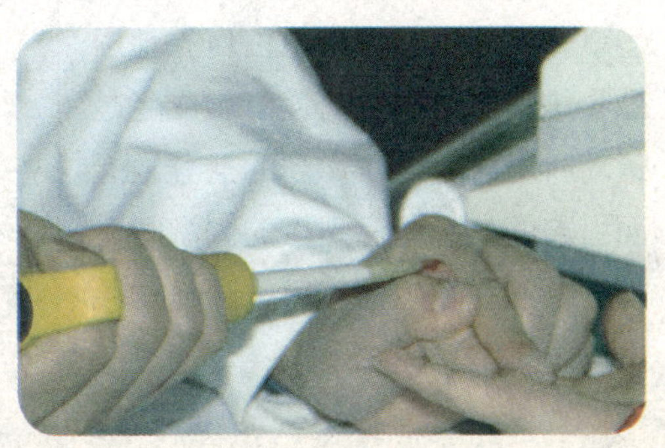

科普乐园

大拇指是有助于拿、捏、握、取、固定；食指、中指是与大拇指完成对指运动，从而完成取物的动作；无名指和小指一般只作为助力和控制方向、缓冲的手指，如握拳、做拔、拉的姿势，都是靠大拇指固定，食指、中指协助用力，无名指和小指协助定向的。当然，小手指也有其他的用处：比如做挑的动作，这是其他手指都做不到的，无名指也可以用来戴戒指等等……总之每个手指都有它自己的作用。

腿为什么会抽筋

运动场上，经常会看到有些球员腿抽筋，剧烈的疼痛，常常使运动员倒地不起，痛苦不堪。为什么在运动中腿会抽筋呢？抽筋在医学上被称为痉挛，实际上是肌肉不由自主地强烈收缩。这是因肌肉疲劳，或者是运动时出汗过多、体内的盐分缺乏而引起的。身体遇到冷的刺激时，也会抽筋。发生抽筋后，腿部的肌肉拧成硬块，疼痛异常。

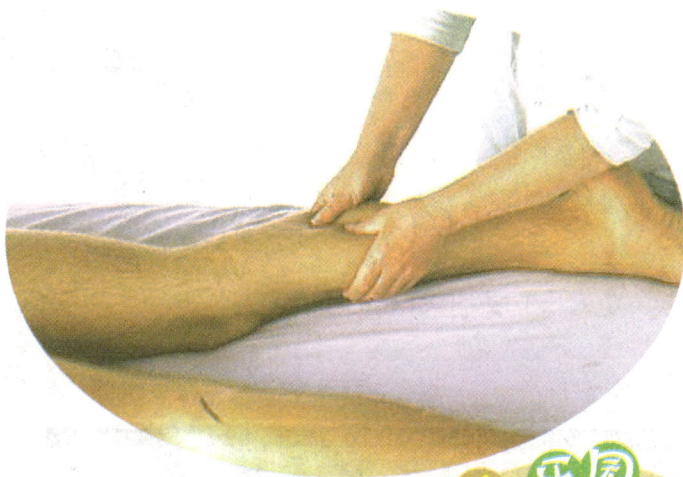

科普乐园

猜个小谜语

一对孩子并排走，
脊背朝前肚朝后，
头上顶着擎天柱，
同心合力抬高楼。

谜底：小腿

冷时身体为什么会发抖

人体内有感知冷暖的器官

在人体的皮肤内部分布着大量感受温度的感受器。感受器可分为两大类，一类专门感受冷，因此，它所在的皮肤部位就叫冷点；而另一类专门感受热，所有皮肤上也相应存在着许多热点。当皮肤受到低温的刺激时，冷点处的感受器马上会立刻兴奋起来，并把接受到的信息通过神经末梢传送到中枢神经，于是人体就产生了冷的感觉。同样，皮肤收到热的刺激时，也是通过这样的过程感受到热的。

冷时身体会发抖

冷时发抖也就是我们通常说的寒战，机体为了抵御外界寒冷的气候，维持正常的体温，会通过寒战来产生大量的热量，从而保证了机体的正常生理功能。发抖也是人体控制温度的方法之一。

在人体大脑内有一负责控制人体体温的就是称为下视丘的地方，它的位置就在眼睛后方有小一部分。

当身体感到寒冷时，为了提高体温，下视丘会传达甲状腺刺激肌肉收缩，以增加体温，这时就会发抖。

人类为什么越来越高

现在，无论是在农村，还是在城市，无论是在大街上，还是在家中，只要你稍加留意，就可发现一个饶有兴趣的现象：20岁左右的青年人身高大于中年人，而中年人的身高大于老年人。

根据我国的人体测量资料表明：当今青年人平均身高比10年前的同龄人增高2厘米，有的地区达3厘米。西方国家也有类似情况。为什么会产生这种趋势？多数学者认为：是人类物质文化水平的不断提高，尤其是营养状况的明显改善，营养供给更加合理，医疗卫生保健更为优越，这种优良的生活环境，调动了孩子的生长潜力。但应当指出：一代比一代长得高的这种趋势，并不是无限长高的，这种趋势出现较早的西方国家现已停顿下来，身高不再增高。所以，一代比一代长得高这种生物学现象，可能是使遗传学特征充分发挥的结果。

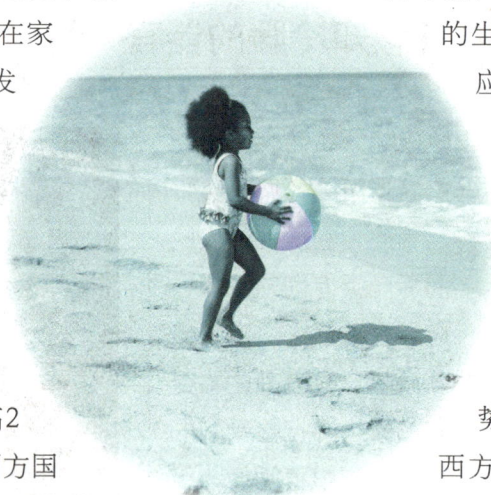

每个人都能成为大力士吗

人人都希望自已有一副坚强的体魄，这是毫无疑问的。然而，是不是每个人都能成为大力士呢？

在中国，关于大力士的记载是很多的，楚霸王、武松都是人们熟悉的大力士。在外国，类似的记载也不少。

希腊大力士博恩曾单手托起重143.4公斤重的巨石，英国大力士托马斯·托凡抱起总重超过750公斤的3只酒桶；罗马士兵维尼·瓦连捷举起一吨半重的载货四轮车。俄国马戏团的大力士格里高里·卡谢耶夫把640公斤的杠铃扛

在肩上绕场表演；彼得·克雷洛夫则拗断了1146公斤重的铁轨；雅库巴·切霍尔斯基用胸脯做台阶，顶起了30个演员组成的乐队；亚历克山大·扎斯扛起竖式钢琴连同盖子上站着的演奏家和舞蹈家，接住8米开外炮膛内射出的90公斤的铁球。

能不能通过某种手段让更多的人乃至大家都成为大力士呢？科学家对此说法不一。大部分人认为经过系统的体育锻炼人类能变得比以前更健壮，可要使人人成为大力士，恐怕就不那么容易了。但是，一些人坚定地认为只要通过持之以恒的锻炼，人人都能成为大力士。有人想从生理学的角度来阐述这个问题。像苏联生物运动力学专家B.M.扎奇奥尔斯基就是这么做的。他认为，人的力气大小完全取决于横纹肌群的收缩力的强弱，组成肌肉的基本单位是肌原纤维，每条肌原纤维收缩时，约能产生数百毫克的力。整个人体的1.5～3千万条肌原纤维，假如都朝一个方向用力，总拉力可达20～30吨！但实际上这是不可能的，因为各条肌原纤维收缩的方向和时间不可能完全一致。即使如此，一个人的最大拉力可达0.5吨以上。扎奇奥尔斯基还查明，一个人的力量还取决于肌肉横截面的大小。只要坚持锻炼，人们的肌肉截面会逐渐增大。在大力士身上，肌肉重量达到甚至超过体重的50%！这时，他就能举起4倍于常人举重量的重物。

穴位究竟是什么

1882年，布里克斯发现人体表面存在温点和冷点而被誉为躯体感觉生理学的先驱。其实，早在二千多年以前，我们祖先就已经知道人体皮肤上有着许多特殊的感觉点—腧穴。我国古代的著名医典《黄帝内经》就已指出，“气穴所发，各有处名”，并记载了160个穴位名称。晋代皇甫谧编纂了我国现存针灸专科的开山名作《针灸甲乙经》，对人体340个穴位的名称、别名、位置和主治一一论述。迨至宋代，王惟一重新厘定穴位，订正讹谬，撰著《铜人腧穴针灸图位》，并且首创研铸专供针灸教学与考试用的两座针灸铜人，其造型逼真，端刻精确，令人叹服。可见，很早以前，我国古代医学家就知道依据腧穴治病，并在长期实践过程中形成了腧穴学的完整理论体系。

第五章

人体的性别及差别

RentiDeXingbieJiChabie

生命进化的一般过程是：由简单到复杂，由低等到高等，由单细胞到多细胞，由无脊椎到有脊椎，由无性到有性。可以说，两性分化是自然界进化史上的一次飞跃。

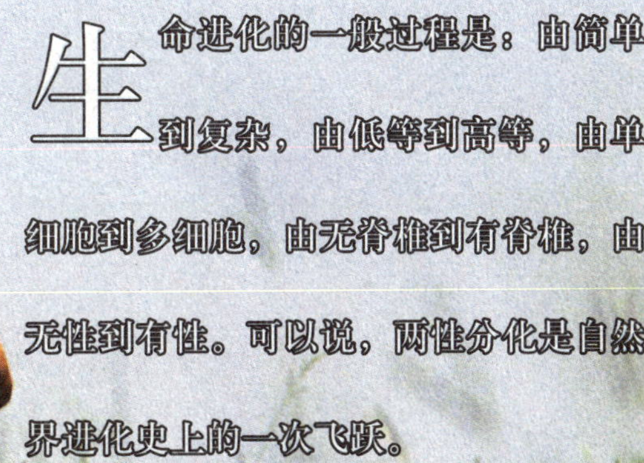

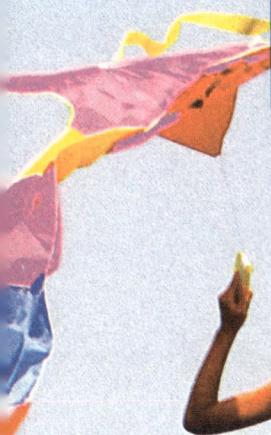

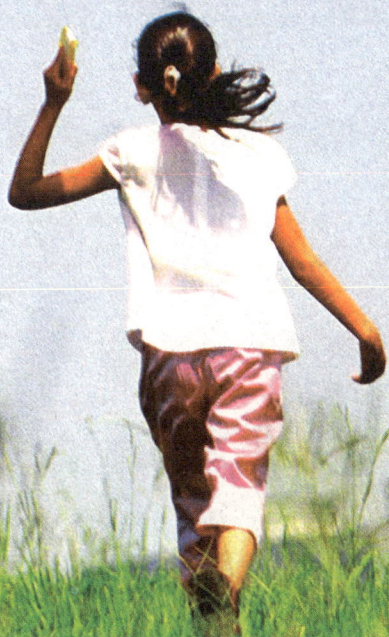

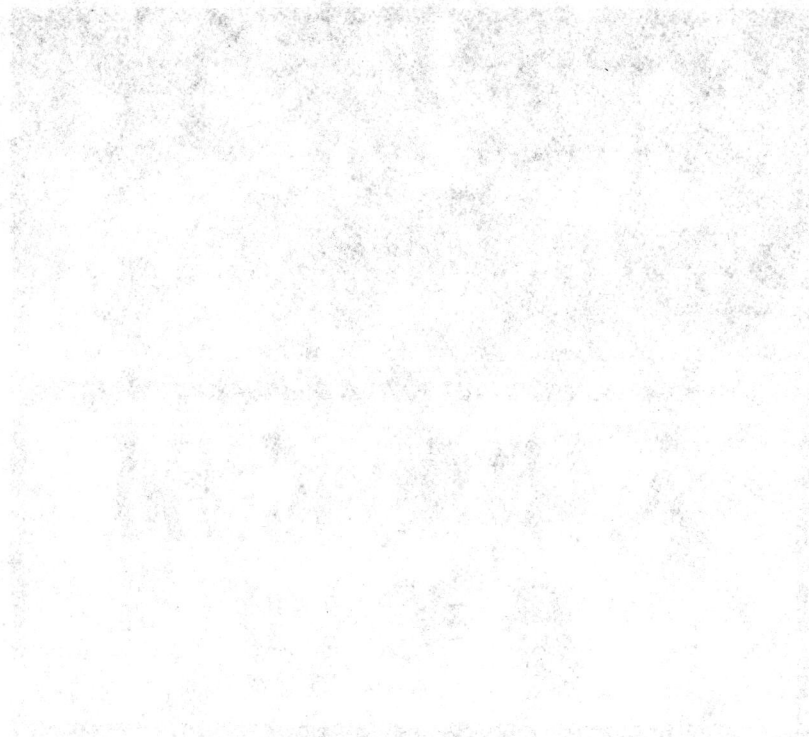

男女大脑有什么区别

男女大脑有别吗

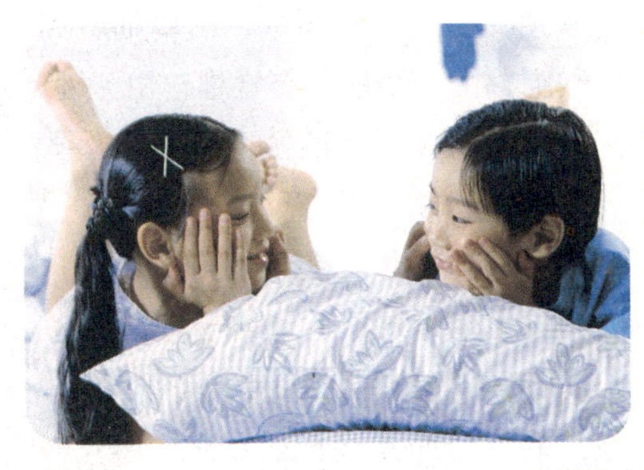

男子的大脑和女子的大脑有没有差别？这是长期以来人们一直很感兴趣的问题。

众所周知，男子的气质、行为、心理与女子明显不同。男子的智力特长也与女子有明显的差别。纵观科学发展的历史，在教学领域和其他抽象理论领域作出杰出贡献的，绝大多数是男子。一般认为，男子天生擅长抽象逻辑思维、空间想象能力和音乐能力也明显优于女子；而女子在语言能力方面略胜一筹，在人际关系和单纯记忆方面的能力也比男子强。

多年来，研究者注意到男女在气质、行为、心理和智力特征方面的差别，一部分学者把这些差别归结为环境和文化的影响，一部分学者则把这些差别归因于男女在生物学上的差别。两派各执己见，谁也说服不了对方。近十几年来。越来越多的心理学家认为男女在智力方面的差异其实并不大，无须去寻求男女智力差别的根源。

男性要比女性更需保护大脑吗

随着年龄的增长，脑细胞会明显地逐渐减少，但在脑细胞的死亡速度方面，男性比女性快2倍。男性大脑的表面部位丧失的细胞比脑的中间部位失去的细胞要多，而脑的表面部位涉及到人的认知功能，如推理、计算、逻辑、语言和概念产生等等。比较研究发现，女性大脑两侧失去的脑细胞大致相等，而男子大脑左侧失去细胞数量大约是右侧的两倍。男性丧失的脑细胞大多是与语言、推理等认知能力有关的脑细胞，因此男子患老年性痴呆症的比女性多。

为什么他是男孩我是女孩

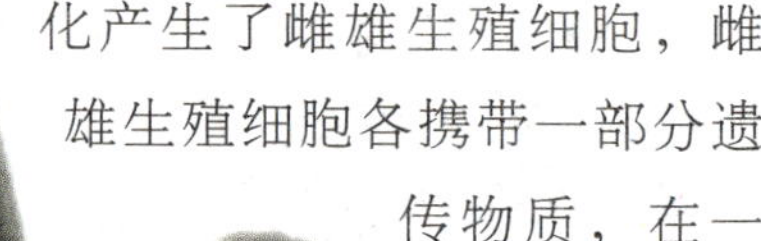

生命进化的一般过程是：由简单到复杂，由低等到高等，由单细胞到多细胞，由无脊椎到有脊椎，由无性到有性。可以说，两性分化是自然界进化史上的一次飞跃。

生物体一开始是无性别的，它们的生殖方式不通过配子（精子和卵子，有性生殖孢子等细胞）的结合而直接产生子代个体的生殖方式。无性繁殖经济，可靠，风险小，但缺陷是后代的变异小，不利于产生适应环境的突变和更加健壮活泼的后代，种群间的基因交流颇受限制，从长远来看，它不利于整个生物种群的进化。

后来的植物和更高等的动物出现了性别，雌雄的异体分化更是使得生物界生殖方式发生了全新的变化。首先，雌雄的分化产生了雌雄生殖细胞，雌雄生殖细胞各携带一部分遗传物质，在一定条件下融合，释放各自的遗传微粒DNA，这样一来，雌配子可以在相当数量的雄配子当中作出选择，选择最有优势，最富有活力和最健壮的雄配子结合，从而产生出优秀的后代。而雄配子又因为具有数量优势而能不断的尝试获取最大限度的基因利益，使自身基因尽可能被更多的雌配子接受。

同时，后代个体由于获得了父本基因而出现父本性状，而不再是单纯的母系遗传，这一生殖过程既增加了有益基因变异的可能性，又提高了后代的成活率。

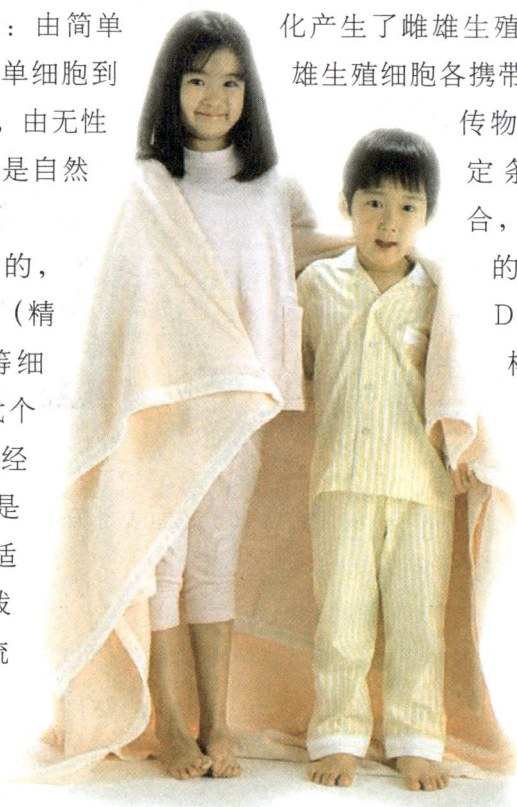

为什么多数男孩比女孩高

男女的身高

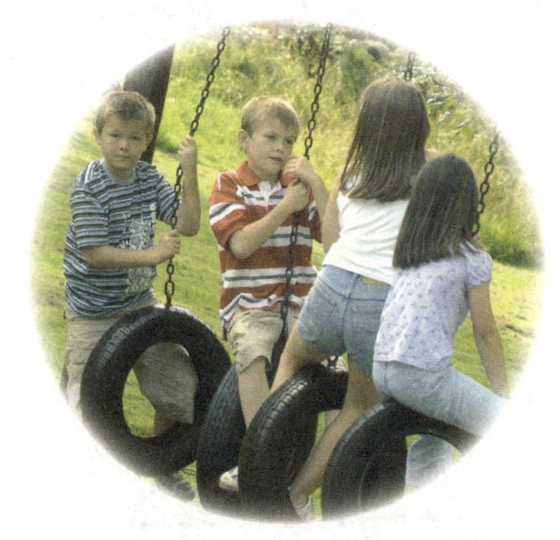

科学家研究发现同龄男女躯干的长短相差不那么显著，而下肢长短的差异却非常明显。下肢骨骼的发育是男女身高差异的重要因素所在。有人为此进一步研究了男女性成熟前后骨胳发育的特征，终于揭示了男人比女人高的奥秘。男女自出生至青春期之前，骨骼的发育呈波浪式的增长，每年增高3～7厘米不等，身高没有多大的差别。到了青春期时，女孩（13～18岁左右）骨胳发育甚快，到了初中阶段，少女身高则可超出男孩，待长到18岁左右，发育阶段趋于"尾声"，下肢骨骼不再增长了，身高也随之"稳定"下来。男孩的青春期（15～20岁左右）开始较晚，结束也相对较迟。而且，青春期结束之后，下肢骨骼仍会继续长下去，一般要延续到23岁时才会逐渐终止。由此看来，由于男子青春期的持续时间超出女子约为5年左右。所以说，在总体上一般的男人普遍高于女人。

为什么女人比男人的骨头更脆弱

医学上发现女人比男人容易骨折，德国统计表明：在四肢骨折的病例中，女性占83%，而男性只占17%。据认为当女性雌激素分泌不足的时候，体内的钙的排出量增加，骨头缺钙，就易骨折。

女人比男人长寿之谜

女性比男性长寿，已经成为人们的共识。就世界各地的发现来看，长寿老人多为女性：我国广西的百岁长寿老人黄妈吉仍能穿针引线；巴西一位名叫玛丽娅·奥·席尔瓦的老人最近刚刚度过她的125岁生日，她可能是世界上健在的年纪最大的女人之一。而且，据权威的统计数据显示，在世界范围内，女人的平均寿命比男人要长5年。在人们的印象里，与男人相比，女人的活动量更少，体质较弱，结果却是女人比男人长寿，其中究竟有何奥妙？日前，科学家的研究有可能揭开这一谜团。

很多人认为，男人因社会期望值过高，社会压力过大而引起的健康原因使得他们没有女人长寿。而最近的研究发现，还有更重要的因素影响着人类的寿命。影响人类寿命的因素有心脏健康、睡眠质量、性别压力及生活习惯，专家们认为，其中最主要的影响因素是心脏健康。

男人与女人一组有趣的数字差别

女人一生可吃掉25吨食物，喝掉3.7万升液体。男人一生可吃掉22吨食物，喝掉3.3万升液体。女人一生吃得比男人要多些，是因为女人的平均寿命比男人要长。女人哭的次数是男人的5倍，结果她们的平均寿命比男人长5岁。

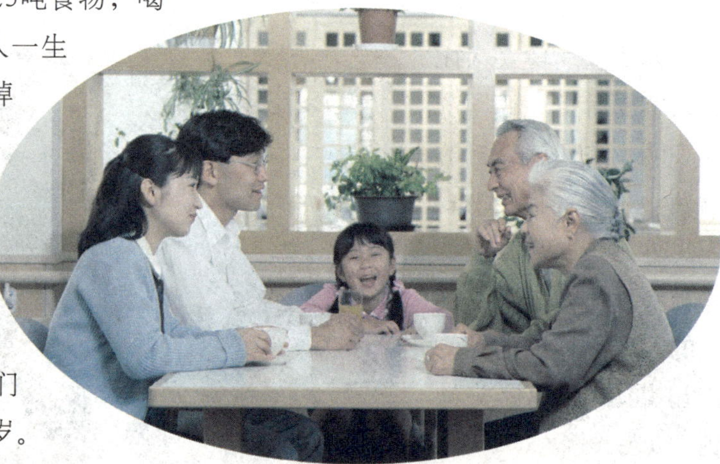

人体内含有去甲肾上腺素和血清素，这两种物质的多少能够决定人的脾气好坏。大多数男人的去甲肾上腺素高，促使脾气急躁；大多数女人血清素含量比男人高，能抑制急躁情绪。

女孩和男孩的思维一样吗

一般情况下，男孩在推理、机械能力以及解决问题的技巧方面的考试成绩比较高，而女孩在语言、记忆力方面考试成绩高。科学家们对这个问题进行了观察、测试，测试的方法很简单：让婴儿坐在妈妈的膝盖上，让他们观看一个小舞台上的表演。表演的第一幕，是一个橘黄色的方木块从一个蓝色的盒子里升起来，慢慢地穿过舞台，再放回盒子，这样做六次。第二幕和第一幕一样，不过方木块小了一点。男孩对方木块大小的变化不太注意，女孩却立刻激动起来，吵吵嚷嚷，叽叽喳喳，听起来好象是说话。原来，女孩比男孩讲话早。科学家们认为这是生理方面的原因，女孩大脑左半球的神经系统发展得比男孩快。而大脑左半球正是管说话、记忆、朗读和拼写字母的。所以，7岁以前的女孩就比男孩在说话、记忆等方面有优势。

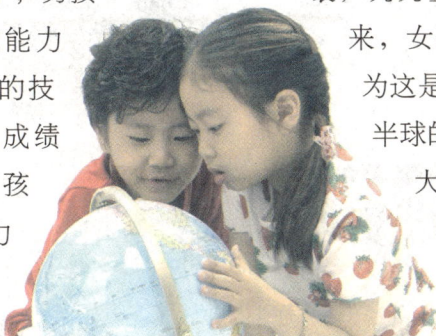

男人也会得乳腺癌吗

男性乳腺发育症是最常见的男性乳腺良性疾

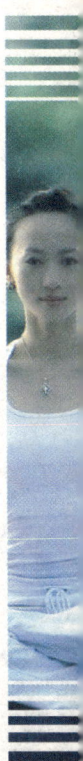

病，还有其他的如乳腺囊肿、导管扩张、硬化性腺病、纤维腺瘤、腺瘤、乳头状瘤、血管瘤和淋巴瘤等。在老年男性乳腺疾病中，估计有65%是男性乳腺发育症，男性乳腺癌占25%，10%为其他良性疾病。男性乳腺发育症病因较复杂，主要有内分泌、药物、遗传病、中枢神经疾病等原因。目前，大多数学者认为此病主要与内分泌激素水平紊乱有关。

男人的声音为什么比女人的浑厚

男人和女人的声音有很大不同，不需要看见人，单从声音就可以分出男女。男人的声带比较长，女人的声带比较短，所以男人的声音比女人的低沉。也不是所有男人的声音都比女人的低，人的声音经过训练是可以改变的。

男人和女人谁更聪明

男人总是觉得他们比女人聪明。但一项最新研究发现，尽管这是事实，但男人还得面对另一个事实：同时，他们也比女人笨。

科学家共对2500名男女进行了智商测验。结果发现，男性的智商水平分布极不平衡，得分最高的2%和最低的2%都是男性。

研究人员对调查对象的科学知识、数学、英语以及手工技能进行了测试。

尽管在最聪明的人群中，男性人数是女性的两倍，但在智商水平较低的人群中，男性同样是女性的两倍。

因此，男性和女性的总体智商得分相同。

性别是由什么决定的

自从现代遗传学问世以后，人们开始对性别问题有了科学的认识。我们的身体是由亿万个细胞成的。每个细胞中有46条染色体，其中两条染色体，决定着人的性别，被称为性染色体。从此以后，人们便利用性染色体作为检测男女性别的标准：性染色体为XY的是男性，性染色体为XX的是女性。国际奥林匹克运动会上鉴别男女运动员，也采用这种方法。这似乎已成为天经地义和万无一失的了。

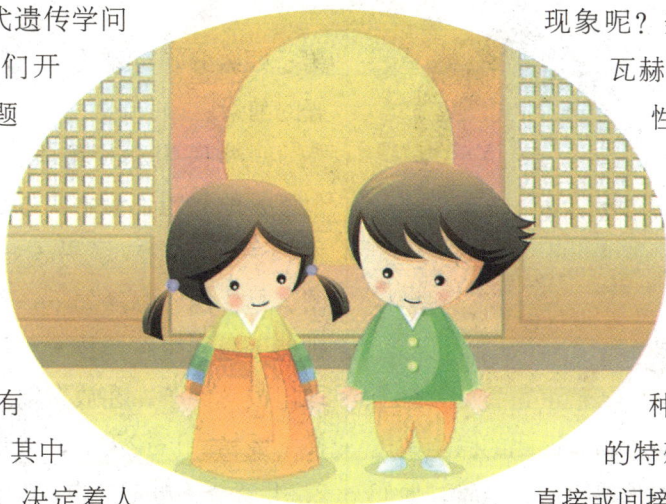

然而，19世纪70年代，在美国的一家医院里发现了一个与众不同的男子。这是24岁的青年，面皮白嫩。几乎没有胡子，说话声音相当细尖。他有着和成年男子一样发育正常的阴茎，以及包裹着睾丸的阴囊。但是，检查他的血液细胞后却发现，其中性染色体竟是XX。按照性别检测标准，他应该是个女子，然而事实上他却是男的。

为什么会出现这一奇怪的现象呢？美国免疫学家瓦赫特尔认为，对性别起决定作用的并不完全是染色体，而是一种叫H-y抗原的物质。这是一种只有雄性才有的特殊蛋白质，它直接或间接地诱导原始性腺，使之分化成为睾丸。研究结果也证实，正常男子的体细胞和生殖细胞中都存在H-y抗原，而在正常女子的细胞中从未发现过这种抗原，即使在一些具有XX性染色体的男子身上，也都发现了H-y抗原。于是，瓦赫特尔便提出：可以根据有没有H-y抗原，判断一个人的性别。

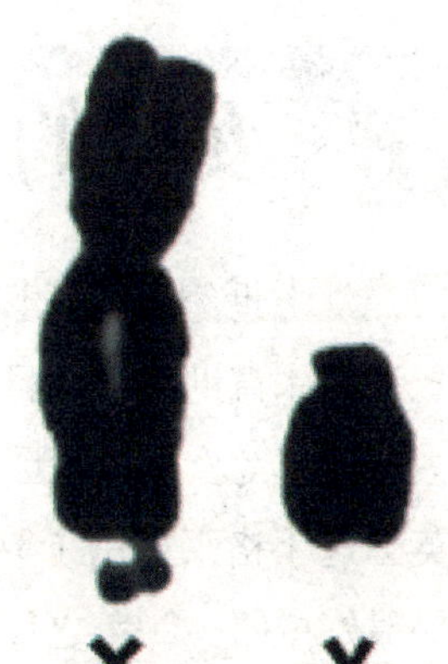

男人可以做妈妈吗

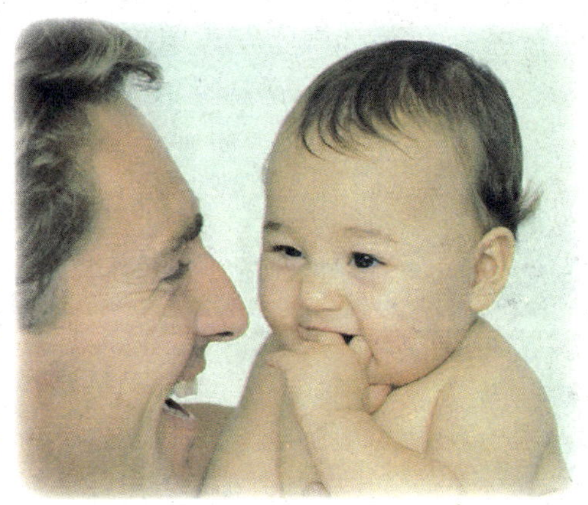

1981年，美国新泽西州的医生做过一次令人诧异的外科手术。当时，他们诊断玛丽女士子宫上患有肿瘤，谁知打开腹部，发现那块“肿瘤”却是一个体重3350克的胎儿。更为有趣的是美国密执安州外科医生布莱特的经历。1978年8月的一天，他在手术室里为一位女病人做阑尾切除手术时，令人迷惑不解的是，布莱特剪下的“阑尾”竟是一个还未足月的男胎，而发炎的是胎儿的一只小脚。正是这些事例为那些一心想创造男子妊娠分娩奇迹的医生们，展示了美好的前景。

一些医生和生殖学家借助妇女异位妊娠的联想，集中各方面的智慧和技术，最近已完成了男子妊娠分娩的蓝图。具体内容程序如下：首先利用监测排卵手段和腹腔镜技术，从妇女卵巢中取出成熟卵子，在放有精子的培养皿中使之受精。1～2天后，待受精卵分裂成2、4、8个桑椹期细胞，就准备移植，接下来对意欲妊娠的男子进行全面体格检查，通过后打开他的腹腔，把受精卵种植在结肠下面布满血管的“大网膜”脂肪组织上。一旦着床成功，胎盘也随之形成。在这妊娠开始前后，用口服或注射方式向男子提供黄体酮激素等激素，使之体内的各种激素水平类似普通孕妇的激素状态。9～10个月后，通过类似的剖腹产手术，取出胎儿。

女子的体育成绩可以超越男子吗

从上世纪70年代以来，随着女子运动员的身体素质和技术水平的不断提高，女子的体育世界纪录日新月异，不断被刷新，开始向男子世界纪录冲击。例如，过去曾被视为女子“禁区”的中长跑，恰恰成了成绩提高得最快的运动项目。1964年英国选手格莱克用了3小时27分45秒的成绩，创造了世界上第一个正式的女子马拉松最好成绩。20年之后，这项纪录由挪威运动员克里斯钱森提高到2小时21分6秒，这要比男子首次正式世界纪录快了34分12秒。与当今男子马拉松的最佳成绩相比，差距只有13分55秒。据认为，这将成为赶上男子的最有把握的竞赛项目。在此期间，女子马拉松成绩的提高率竟是男子的5倍。为此，越来越多的运动学家认为，女子的运动成绩，尤其是耐力项目成绩将迅速地赶超男子。

在用语言交流感情时，女人往往表现得比男人更紧张。出现瞳孔放大、凝视对方的紧张状态。

心理学家对男女的互视作过比较，发现他们注意异性部位的顺序有所不同。男人看女人时，视线的顺序是：一、脸，二、发型，三、胸部，四、服装，五、腿，六、腰部，七、臀部，八、拎包、手套之类的小饰物，九、鞋子，十、背部；而女人看男人的顺序是：一、脸，二、发型，三、上衣，四、领带，五、衬衫，六、鞋子，七、腹部，八、皮带，九、手表，十、前半身。可见，男人较注重女人的体型，而女的比较注重男子的衣饰。

男人和女人的眼光有差异吗

日本山形大学的大坊郁夫教授用实验证明女人在运用“眼睛语言”方面远比男人们熟练、出色。并且，她们早在童年就学会了“眼睛语言”。有时候，她们甚至会有意限制自己的语言。让“眼睛语言”来表达感谢，以达到更好的效果。

为什么男人长胡子而女人不长

人体内性激素的代谢

一般来说，进入青春期的健康男子就会开始长胡子，最初色淡、柔软而稀少，随着生理变化逐渐变得粗硬稠密。男人体内分泌出较多的雄性激素时，毛发就又粗又黑。而此时女人体内的雌性激素占有绝对优势，雄性激素数量很少，助长毛发的作用远不如男子。相比之下，她们的毛发就比较纤细，颜色也比较淡。因此，女人不会长出粗浓密粗硬的黑胡子。

奇怪的现象

有的女人在青春期也会长“胡子”，她们常常为此感到苦恼和难为情。其实，这不是胡子，只是嘴的周围毛发比较集中些，不会影响身体健康，大多是激素分泌失调所致，通常过了青春期就会自行消失。

第六章

人体护理与保健

Rentihuli Yu Baojian

健康是人类永恒的话题，是生命存在的质量和状态。在环境污染严重、工作和生活节奏加快的今天，健康问题就显得越来越重要。现代医学之父希波克拉底有一句健康名言：“病人的本能就是病人的医生，而医生只是帮助本能的。”

每天睡眠时间应多长

各年龄阶段的人正常所需睡眠的时间是不相同的，新生儿白天睡眠与晚间睡眠时间差不多各约8小时；一岁小朋友白天约睡3小时，晚上睡11小时；四岁小朋友逐渐能减少白天的睡眠，只有晚上睡11小时。婴儿至少要等五个月后，才较有可能睡整夜。7～14岁的要睡10个小时，15岁以上的睡8个小时就行了，而年过60的老人睡眠常会降到6个小时以下。

科普乐园

失眠的原因很多，如：不按时休息而打乱生理时钟、突然受到父母离异和家庭变故的冲击、遇到考试等重大压力、内科疾病的困扰、兴奋类药物的影响、茶及咖啡等刺激性饮料的影响等。生活作息要规律，养成每天同一时间上床睡觉，睡觉的环境要安静、舒适。睡前避免观赏紧张刺激的电影、电视。发烧时，体内的睡眠物质增多，使人的睡眠增加，从而增强人的免疫机能。

午睡对人体有什么好处

中午睡上1～2小时，可使大脑和身体各系统都得到放松和休息，午睡过程中，人体交感神经和副交感神经的作用正好与原来相反，从而使机体新陈代谢减慢，体温下降，呼吸趋慢，脉搏减速，心肌耗氧量减少，心脏消耗和动脉压力减小，还可使与心脏有关的激素分泌更趋于平衡，这些对于控制血压具有良好的效果，有利心脏的健康，降低心肌梗死等心脏病的发病率。

为什么久坐手脚会麻木

有时，我们坐在椅子上看书，或者趴在桌子上写字，时间长了，手脚都会一种发麻的感觉，这是为什么呢？

原来，在我们的全身布满了神经，神经是一根一根的，有的粗，有的细。这些神经还有分工，有的管冷热，有的负责让身体活动，等等。全身的神经都连着大脑，神经把感觉到的冷或热等各种感觉报告给大脑，大脑再通过神经指挥全身进行活动。例如，手放在热水里，如果感觉太烫，大脑就会指挥你的手赶紧拿出来。

在我们的胳膊上和腿上，除了布满许多细小的神经之外，还有好几根挺粗，挺大的神经。这些神经都有自己的名字，例如，胳膊上有尺神经，腿上有股神经、坐股神经等。这些神经有的在肌肉深处，不容易摸到，有的就在皮肤下面，用手都能摸得到。在胳膊肘里侧骨头尖附近，用手就能摸到像电灯绳那么粗的一根神经，有时不小心碰到了它，手就会麻木得厉害。

听说过常年不睡觉的人吗

你听说过47年一直没有睡过觉的人吗？家住伊朗西北部乌鲁耶市的马吉德先生就是这样一个奇怪的人。到他64岁为止，马吉德已经47年从没睡过觉了。不过，马吉德虽然从不睡觉，但依然精力充沛，身体硬朗，和正常人没有任何区别。

说起来，马吉德先生不睡觉是很偶然的原因造成的。47年前的一个夏夜，由于天气十分炎热，17岁的马吉德把睡床从卧室搬到了屋顶。后来，正在熟睡中的他翻身时从床上滚落下来，可是马吉德一点儿也没察觉到，于是，他又从屋顶跌落到地面。当马吉德睁开双眼时，他已经躺在布里土市一家医院的病床上，映入眼帘的是一张张陌生的面孔。马吉德失去了记忆，后来经过治疗，他的记忆得到了恢复，但从此却患上了不眠症。

1977年，法国医学专家将马吉德请到巴黎作全面检查，后来德国专家也对他进行了研究，都没有解开马吉德不眠的医学之谜。

儿童看书为什么不宜使用日光灯

最新的研究资料表明，日光灯容易造成儿童近视，而白炽灯则可避免这一问题。广东省某科研机构为此专题研究发现，采用日光灯照明的班级，半年后视力下降的学生占总数的15.12%；而采用白炽灯照明的班级，视力下降者仅为4.6%。随后，两组照明灯具对调3个月后结果显示，改用白炽灯照明的班级，视力上长者占总数的1.07%。

为什么日光灯照明会对学生视力产生不良影响呢？这是因为，日光灯发生的冷荧光带灰蓝色调，在这种光线下，书本上的文字图案缺乏鲜明的轮廓，容易导致阅读者眼睛疲劳，久而久之，诱发近视或加深近视程度。因此，专家建议学校照明以白炽灯为好。

为什么不能经常掏耳朵

掏耳屎要注意

耳屎是耳朵的一道保护门，如果把耳屎挖干净了，就相当于撤掉了耳朵的一道门，使灰尘和昆虫等杂物畅通无阻地进入耳道。另外挖耳朵很容易损伤耳道，戳破鼓膜，使听力减退，所以不能经常挖耳洞。

怎样正确地掏耳屎呢

耳屎不能乱掏，如果造成了皮肤损伤，细菌就会乘虚而入，发生感染化脓。发生了耵栓塞更不能用硬物挖，应使用一些无刺激性的植物油或甘油点耳，等到耵软化后，再用镊子轻轻取出。

为什么不能随便挖鼻孔

鼻腔里面有一层非常娇嫩的黏膜，上面分布着许多血管，纵横交错，这些血管的壁很薄，要是经常挖鼻孔，很容易就会碰破它们，造成流鼻血。

这些血管里还有一部分是在大脑里汇合，这就更危险了。

挖鼻孔时，手上带的细菌会趁机侵入鼻黏膜，在鼻毛的根部兴风作浪，形成疖子，甚至会顺着血流混进脑子里，那可就糟了。

此外，挖鼻孔带进的细菌，若是长期潜伏下来会形成慢性鼻炎，鼻子里就会经常分泌黏黏的液体，一年四季鼻涕不断。

人为什么会有两个鼻孔

鼻子在供氧过程中起着非常重要的作用，鼻子是外界氧气进入人体内部的重要通道，同时它还负责呼出体内的二氧化碳。我们可以将鼻子看作一个整体器官，但是因为鼻子的大部分功能都是在立体系统中完成的，所以我们需要两个鼻孔。

为什么有的人怕辣而有的人就不怕呢

我们对食物的美味是通过味觉和嗅觉来感受的。感受味觉的细胞是味蕾，它在舌头上的分布是不均匀的，主要是舌边和舌尖部位。在口腔部位的黏膜也有散布的味蕾。味蕾的感受细胞是一种毛细胞，也称为味细胞。

中国古代医学把人的味觉分为酸、甜、苦、辣、咸五味。其中“辣”并非由味觉细胞所感受，而是口腔的神经末梢受到某些化学性刺激而产生痛觉，并与其它味觉混合而成的一种综合感觉。

人的味觉可以因年龄或饮食文化而有不同，例如大人较小孩子能吃辣，四川人也习惯了无辣不欢。不过，有些人总是特别喜欢吃辣，那就是由于后天饮食习惯而养成的。人在最初吃辣的食物时，往往由于不适应而显得狼狈不堪，但经常吃之后，在长期的这种较强的化学因素刺激下，味蕾一方面对辛辣食物的刺激有较高的适应性，另一方面对辛辣食物也有了依赖性，只有在辣味的刺激下，饭菜才香。久而久之，有吃辛辣食物习惯的人愈吃愈辣，愈辣愈想吃了。其实归根结底，这也是味蕾对个人饮食习惯的适应。

人吃辣东西为什么会出汗

辣椒、葱、蒜等都是有辣味的蔬菜，多吃一些会辣得身上出汗。这是因为辣东西对血管有兴奋作用，可使血管扩张，血液循环加快，汗毛孔开放，促进汗液排出。辣味蔬菜里含有许多营养成分，适当吃一些对身体有好处，得了感冒，喝辣味热汤发点汗，感冒就会减轻。

科普乐园
猜个小谜语
非酒非水非清泉，
不是雨露到人间，
时有时无人常见，
日晒不干风吹干。
谜底：汗水

常吃蔬菜水果对人体有什么好处

新鲜蔬菜营养多

新鲜的蔬菜水果中含有各种各样的维生素，维生素是人体的必需品，缺少任何一种维生素，人体都会得病。缺少维生素A，人体容易得夜盲症；缺少维生素C，牙齿会红肿、流血，身体上会浮肿等，所以要多吃新鲜的蔬菜。

西红柿可健胃消食

西红柿含有丰富的维生素，多吃有益于身体健康。西红柿可以刺激胃多产生消化液，既能帮助消化，又能使人增加食欲。所以我们平时应该多吃西红柿，它会令人健胃消食。

苹果可以调节人体机能

人们都知道苹果含有大量的维生素，有益人体健康。其实苹果还可以调节人体机能；苹果中的纤维质可以通便，解决便秘；苹果中的果蔬胶能调节生理机能，也能够抑制肠道的不正常活动，帮助消化。

吃饭太快为什么对身体有害

餐桌上常有这样一些孩子，嘴里塞着满满的食物，手还在不停地往口里送食物。口里食物还没有嚼碎嚼烂，唾液也没有充分拌和，就吞下去了，这样胃不得不加大工作量，来弥补口腔工作的不足。但是，吞咽太快，胃被猛烈冲击而受损，又被快速地添满，根本没有充分的时间和空间来加工食物，食物中的养料就不能被充分消化吸收。所以狼吞虎咽地吃东西，可不是好的饮食习惯。

口腔细细咀嚼食物的时候，反射性引起胃肠胰腺分泌消化液，胃肠被食物拉展开来，不停地蠕动，咽下的食物团以消化液混合成食糜，再把它们分解成小分子，这些物质就能进入血液和淋巴，这就是吸收。

为什么洗冷水浴可以锻炼身体

冷水浴是一种很好的锻炼方式。刚开始洗时，你会觉得很冷，可是过了一分钟后就会觉得浑身发热。原来冷水刺激身体时，经过神经调节，皮肤血管收缩，血液流向心脏，这时皮肤苍白，温度降低。过一会儿，身体产出大量热量，皮肤血管舒张开来，血液流向皮肤，皮肤由苍白转为红色，皮肤温度升高。在冷水反复的刺激中，神经系统调节各系统活动，改善他们的机能，提高了身体的抗寒冷的能力。

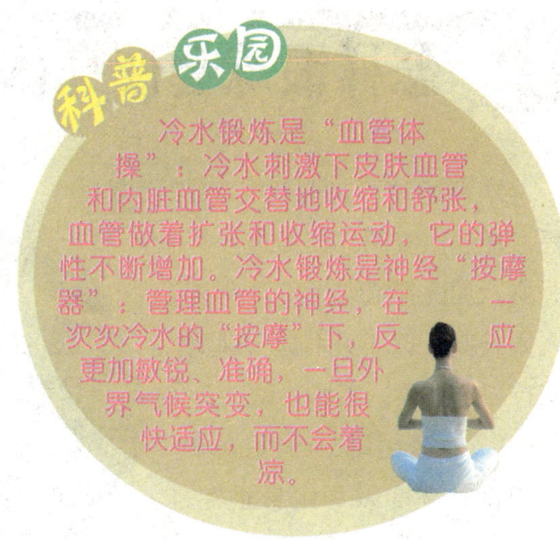

科普乐园
冷水锻炼是“血管体操”：冷水刺激下皮肤血管和内脏血管交替地收缩和舒张，血管做着扩张和收缩运动，它的弹性不断增加。冷水锻炼是神经“按摩器”：管理血管的神经，在一次次冷水的“按摩”下，反应更加敏锐、准确，一旦外界气候突变，也能很快适应，而不会着凉。

吸烟对身体危害大

科学家们预计，目前世界上每年死于吸烟的人达300万，到2025年将达到1000万，这意味着吸烟将是下个世纪的一大隐患。

吸烟是发生蛋白尿的独立因素。年轻糖尿病人蛋白尿的产生与发展，肾疾病的恶化均与吸烟有关，在吸烟后，蛋白尿和视网膜病变都比不吸烟者进展更快，停止吸烟的病人蛋白尿迅速改善。

最可怕的由于吸烟的烟中含有苯和焦油，还有多种放射性物质能致癌，90%的肺癌患者多为吸烟引起的。过去的研究已证明了西方国家中的男性膀胱癌病例至少有60%是吸烟引起的，还有口腔癌和喉癌等。过期的烟草产品因含有霉菌，使人得癌的危险更大。

经专家研究观察的结果，由吸烟而引起的各种疾病不是不可逆转的，只要戒烟后，都能改善或痊愈，恢复健康。

怎样锻炼会使身体增高

体育运动可加强机体新陈代谢过程，加速血液循环，促进生长激素分泌，加快骨组织生长，有益于人体长高。以下几种运动对增高有一定效果，不妨一试。

1.悬垂摆动。利用单杠或门框，高度以身体悬垂在杠上，脚趾刚能离开地面为宜。两手握杠，间距稍大于肩宽，两脚并拢，随即身体前后摆动，幅度不要过大，时间不宜过久。练习最好安排在每天早晨，身体尽量松弛下垂，保持20秒钟，男青年应做10～15次，女青年应做2～6次。

2.跳起摸高。跳起时用双手去摸预先设置的物体，可以是路边树枝、篮球筐或天花板。双脚跳跃，做30次。休息片刻，左右脚分别单脚跳跃，方法同上。

3.球类活动。打篮球时积极争抢篮板球，跳起断球；打排球时尽量跳起，多做扣杀和拦网动作；在足球运动中多练跳起前额击球动作。

4.跳跃性练习。可做行进间的单足跳、蛙跳、三级跳、多级跳和原地纵跳等。

睡觉为什么容易流口水

我们一天到晚都会流口水，只是有时多，有时少，口水就是唾液，它是由口腔中的腮腺、颏下腺、颔下腺，这3对唾腺所分泌出来的。唾液可以滋润我们口腔咽喉部分，让我们不会口干舌燥。既然唾液会不断分泌，那为何它不会流出来呢？这是因为在白天时，唾液虽然在分泌，甚至看到好吃的食物，它的分泌量更多，可是，我们会有意识地在把唾液往肚里吞，而不让它流出来。但到了晚上睡觉时，全身肌肉放松，脑子也在休息，于是要把口水吞咽下肚的动作，也就不再继续执行了，所以这时，口水就可能趁隙流出。

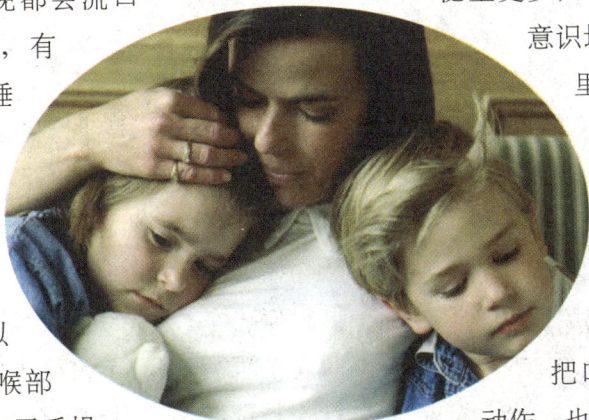

为什么要经常换牙膏品牌

牙膏对牙齿的作用

人们用牙膏刷牙有两个作用：清洁牙齿和灭菌。

洁齿作用：一是用牙刷直接刷就起到了这个作用；二是牙膏里的添加剂为碳酸钙颗粒起抛光的作用。

灭菌作用：牙膏里都加入了不同的杀菌制剂。

牙膏的品牌不同，但加入的抛光剂是相同的。但加入的灭菌制剂是不同的。所以在用牙膏时不要长期单一用一个品牌。

牙刷记得经常换

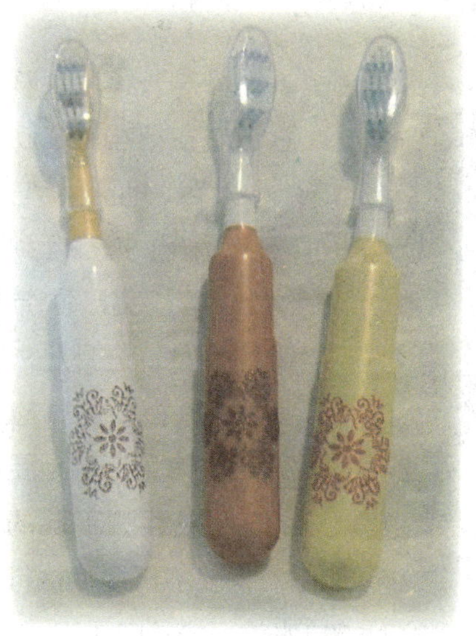

牙刷是人们清除口腔内食物残渣、洁齿防龋的保健用品，恰当的应用还起到按摩牙龈、促进局部血液循环、提高牙龈防病能力的作用。然而，如果保管和使用不当，牙刷被细菌污染，这些细菌可以通过直接吞咽或破损的口腔黏膜及龋洞侵入人体，引起肠炎、败血症、肾炎等疾病。

刷牙后的牙刷毛上往往沾有牙膏中的蔗糖，还有许多细菌附着在上面，刷牙后要用清水多冲洗几次，否则，存留在牙刷上的细菌会利用未冲净的糖分而大量繁殖。

因此，刷牙后要将刷头朝上，开放置在干燥通风的环境中。

最好每3个月更换一把牙刷。

看书要有正确的姿势

强光下看书危害大

人们在看书写字时，要有合适的光线，有了合适的光线，才能看得清楚，看起来舒服。因为瞳孔有类似照相机的光圈作用。瞳孔的开大与缩小，可以控制进入眼内的光线。光线强烈时瞳孔缩小，光线暗淡时瞳孔扩大。如果长时间在强烈光线下看书（比如太阳光），瞳孔就会持续缩小，引起眼球肌肉痉挛、疲劳、眼球胀痛，甚至头昏目眩。另外，由于光线太耀眼，会觉得眼前有一团亮光，经久不消，看到哪里，就亮到哪里，这是视网膜黄斑区受强光刺激后的后像作用，当然看东西也就不清楚了。长期在强光下看书，由于睫状肌过度调节，不但可以促使近视眼的发展，而且对视网膜（尤其是黄斑区）造成损害，使视觉敏感度下降，引起永久性视力减退。长期在直射的太阳光下看书，由于紫外线的照射，还容易引起角膜和晶状体的损害。

为什么不要躺着看书

人躺下后，身体与支持面（如床）接触面积增大，压强变小，人体处于一种舒适的状态中，于是神经中枢就会使人感到困倦，以促使大脑及身体得到休息（即睡觉）。此时人的大脑比较迟钝，记忆力也大幅下降，十分不利于学习。而且躺倒看书眼睛容易疲劳，眼肌纤维弹性变小，因而易近视。

看完电视后为什么要洗脸

电视机工作时，荧屏周围会产生静电微粒，这些微粒又会大量吸附空气中的浮尘，这些带电浮尘对人体皮肤有不良影响。因此，电视机不能摆在卧室，看电视时要打开窗户，且离荧屏要2～3米远，看完电视后要洗手、洗脸。

随地吐痰容易传播细菌

产生痰是人体呼吸道排污的结果。正常情况下，进

入呼吸道的颗粒物、病毒、细菌等会被黏液黏住。这是黏液在保护我们自己。同时，气管中的小纤毛就像麦浪一样做纤毛运动，慢慢将这些脏东西推出来。更多的时候，黏液被人在不知不觉中吞咽下去了；当气管里的黏液多了，人就会咳嗽吐痰。不要随地吐痰是因为痰当中有细菌和病毒，容易扩散传播。

发烧是坏事，也是件好事

人们一旦发了烧，就总想赶紧退烧。可是大夫们偏偏不着急，而且劝人们不要急着退烧，你知道其中的道理吗？

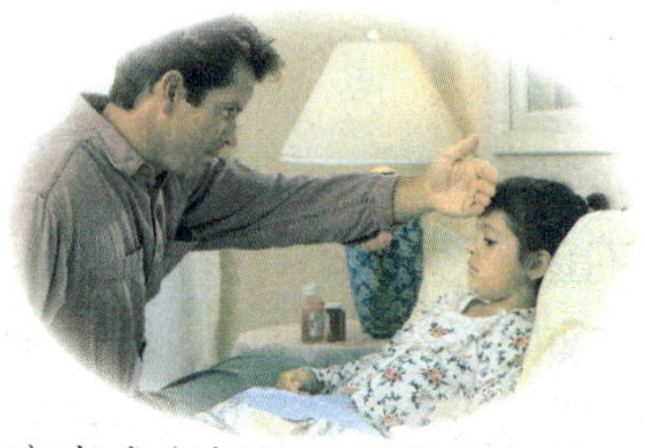

从医学原理上讲，发烧通常是细菌、病毒或它们的代谢物引起的。人发烧后会出现心跳加快，血液循环旺盛，流向发炎处的血液量增生，一方面可以冲淡、带走细菌及其产生的毒素；另一方面，白细胞数量增加，除可直接破坏、吞噬细菌和病毒外，还能产生一种内源性致热质，来刺激产生具有杀灭细菌或病毒能力的抗体，促使病情好转。同时，把血液中的铁质暂时贮存在肝脏内，细菌缺铁就难以生长。

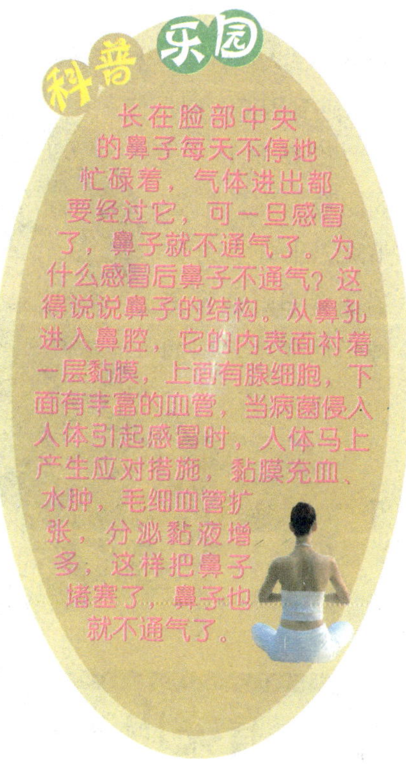

科普乐园

长在脸部中央的鼻子每天不停地忙碌着，气体进出都要经过它，可一旦感冒了，鼻子就不通气了。为什么感冒后鼻子不通气？这得说说鼻子的结构。从鼻孔进入鼻腔，它的内表面衬着一层黏膜，上面有腺细胞，下面有丰富的血管，当病菌侵入人体引起感冒时，人体马上产生应对措施，黏膜充血、水肿，毛细血管扩张，分泌黏液增多，这样把鼻子堵塞了，鼻子也就不通气了。

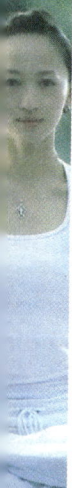

烧烤食物坏处多

烧烤在制作过程中会产生3、4-苯炳吡，是一种致癌物质。专家建议不吃为好。特别是晚上，身体即将进入睡眠，吃烧烤不利于消化和有毒物质的分解、排除。

食用过多烧煮、熏烤太过的蛋白质类食物，如烤羊肉串、烤鱼串等，将严重影响青少年的视力，导致眼睛近视。妇女经常吃煎炸蛋肉会增加患卵巢癌、乳腺癌的危险性，如每隔两天吃一次比一周吃一次患病率高出3倍，比1个月吃一次高出5倍。

为什么多吃鱼肝油对身体有害

鱼肝油的好处

鱼肝油中含有人体所需要的维生素A和D。维生素A能维持皮肤黏膜的正常功能，人体缺乏时，会引起皮肤粗糙、眼干病等。维生素D有调节钙、磷代谢的作用，可以促进钙、磷代谢的作用，可以促进钙、磷在骨骼中沉淀。

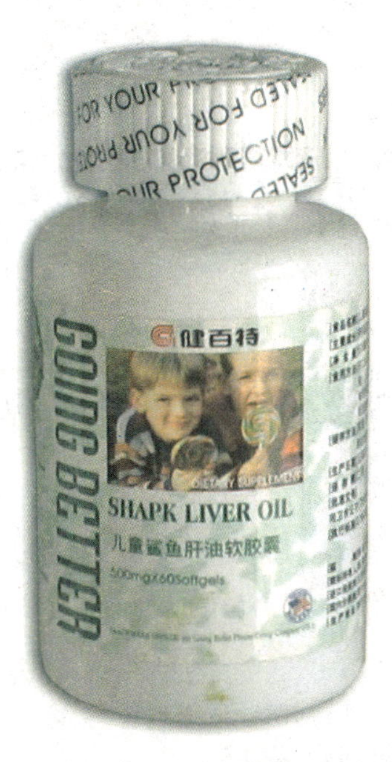

多吃对身体的危害

鱼肝油对人体健康有利，但如果多吃，就会有不良的影响。长期大量服用，会发生毛发干枯、脱落、皮肤干燥、食欲减退、贫血、头痛、恶心、腹泻、肝肿大等中毒症状。

刚睡醒时为什么会感觉全身没劲

为什么人刚睡醒时浑身没劲？人的身体里有一样东西，叫中枢神经，人有没有精神，有没有劲是靠它来控制的。中枢神经兴奋的时候，人就有精神，中枢神经受到抑制的时候，人就没有精神。中枢神经兴奋的时候肌肉能够活动，人就有力气，而中枢神经受到抑制的时候，肌肉活动受到限制，人就没力气了。人的肌肉的活动是受中枢神经支配的，在睡觉的时候，中枢神经处在抑制状态，它抑制程度越深，肌肉也就越放松。当我们睡一觉醒来时，中枢神经的抑制刚刚过去，还没开始活动，全身的肌肉还在放松状态。肌肉不活动，人就没有力量，所以就觉得浑身没劲。你晚上睡

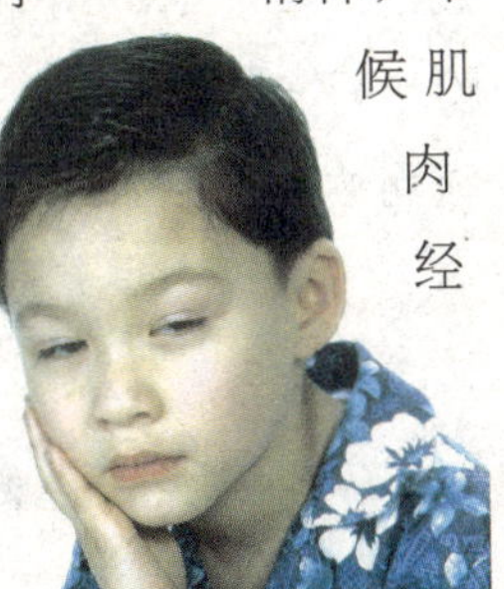

得越香，早晨起来浑身没劲表现得越明显。所以反过来说，浑身没劲正是晚上睡觉睡得香的表现。

科普乐园

美国科学家、诺贝尔奖获得者包格尔认为，人类80%的疾病与体质酸化和免疫力下降有关。还有专家说，酸性质是百病之源。酸性食物有肉、鱼、蛋和谷物，动物脂肪和植物油。碱性食物有蔬菜、水果、豆类和茶叶。

肚子里为什么会长蛔虫

蛔虫是怎样跑到肚子里去的

蛔虫病是最常见的肠道寄生虫病。传染源是蛔虫病患者和感染者。大量的虫卵随患者粪便排出，污染蔬菜及泥土，在适宜的温湿度下，约经2周，发育为成熟虫卵。成熟虫卵经口到胃，大部分被胃酸杀死，少数进入小肠孵化发育为幼虫。幼虫钻入肠黏膜，经淋巴管或微血管入门脉、肝脏、下腔静脉而达肺；在肺内脱皮后形成1毫米左右的幼虫。幼虫穿过微血管经肺泡、支气管、气管上升至咽，然后再被吞入胃，此即构成蛔蚴移行症。蛔蚴到达小肠后发育为成虫。自吞食虫卵至成虫成熟约需75天，在小肠内生存期约为1～2年。

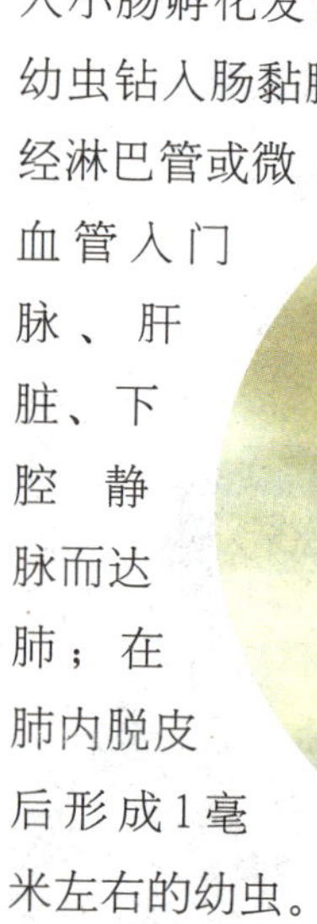

蛔虫生长的过程

蛔虫是寄生在人肚子里面的一种寄生虫。蛔虫卵经常随着粪便混到泥土里、生水里，而沾在蔬菜、瓜果上面。如果小朋友吃饭前不洗手，喝生水或吃瓜果前不洗干净，蛔虫卵就会被吃进肚子里。这样，人的肚子里就会长蛔虫了。

衰老可以推迟吗

死亡是人体细胞、组织、系统老化的必然结果。但是，这种老化究竟是怎么发生，怎么变化的，科学家至今还不清楚。他们提出种种假说，从不同的角度来探索衰老和死亡的秘密。一些科学家怀疑细胞老化是由于细胞中产生了一些导致老化的物质，这些物质在年轻的细胞中是没有的。它们就好象迫使细胞“自杀”的毒药，使得细胞和组织走上死亡的道路。美国洛克菲勒大学的细胞生物学家尤金尼亚·王从人体结缔组织细胞中分离出一种特殊的蛋白质。这种蛋白质又是在老化的、停止分裂的细胞中才有，而在能够分裂的年轻细胞中是没有的。王认为，这种蛋白质就是细胞老化的产物。它们在细胞中的功能还不清楚。如果死亡确实是由细胞中产生的老化物质引起的，那么，只要找到清除这些物质的方法，人类就能大大推迟死亡的到来。

许多科学家相信，在正常的新陈代谢过程中，由于受到射线照射、服用各种化学药剂，以及食物中含铁量过多等

因素，人体内会产生有害的自由原子基团。这种可怕的自由基破坏一个个细胞，最后使整个机体衰老死亡。按照这一假说，只要能消除体内的自由基，就能延长人类的寿命。最近，美国路易斯·维尔大学生物化学家里歇教授从灌木中提取一种叫“去甲二氢菊木酸”的物质，这种物质能够消除动植物体内的自由基。里歇用去甲二氢菊木酸喂养蚊子，使得1200只蚊子的平均寿命从29天延长到45天。这一研究成果为自由基使细胞老化的假说提供了新的证据。但是，自由基究竟对细胞的损坏、疾病的产生和机体的老化起了什么样的作用，目前还远没有搞清楚。科学家发现，人体内有一种与利用氧气有关的酶过氧化物歧化酶，这种酶能对自由基起“解毒”作用，阻止自由基对细胞的破坏。寿命短的动物体内过氧化物歧化酶少，而人体内这种酶较多，这也许表明过氧化物歧化酶是人体自生的抗衰老物质，而负责调节这种酶的基因与人的寿命长短有关。

疼痛病怎样产生的

据国际研究疼痛联合会的创始人、著名的疼痛学研究先驱、美国麻醉专家约翰·博尼卡博士的估计，近三分之一的美国人患有持续和周期性的疼痛症。为此，美国在这方面花费的时间和费用，远远超过了癌症和心脏病。

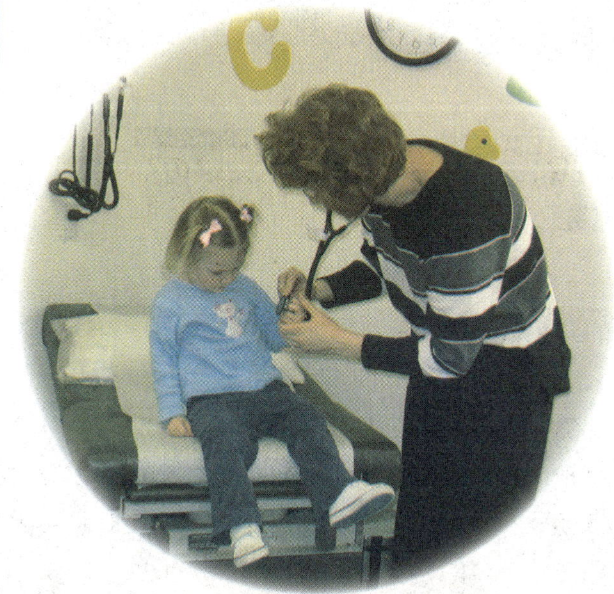

疼痛到底是怎样产生的呢？长时间来人们对此一直感到迷惑不解。后来，科学家经过反复试验和摸索，提出了一些理论，才使人们对此有了初步的认识。

以约翰·博尼卡为首的科学家，是根据人体神经系统的化学原理来阐明疼痛产生的过程的：人体某一部位受伤以后，会立刻释放出一些化学物质，同时产生疼痛信号。释放出来的化学物质主要是：用来传递疼痛信号的P物质、前列腺素和迟延奇诺素。迟延奇诺素是由胰蛋白作用于血浆球蛋白释放出来的一种物质，含有9种氨基酸链，在已知的疼痛物质中作用最为强烈。P物质、前列腺素和迟延奇诺素，会刺激神经末梢，使疼痛信号从受伤部位传向大脑。前列腺素还能加速受伤部位的血液循环，使抗感染的白血球大量聚集在患处，从而引起局部红肿发炎。

为什么要喝水

没有水人是不能活的

从表面看来，我们的身体没有水，其实人体中所含的水分可不少呢。人体的细胞、血液、胆汁、胃液等都含有水分。人体内如果没有水，身体里的废物和毒素就排不出去，人甚至会中毒死亡。因此，我们每天必须向身体里补充一定量的水。

喝下的水去了哪

我们喝的水进入肠胃后，大部分被吸收到血液里，变成血液的一部分，运送人体需要的营养；另一部分水进入肾脏，变成尿排出体外；进入胃肠的一部分水，则随着大便排出体外。出汗也会消耗掉一部分水。

不能喝生水

人体内每天都需要补充大量的水。口渴的时候，我们可以喝开水、矿泉水、纯净水和各种饮料，但是千万不能喝生水。生水看起来很洁净，其实里面有很多细菌和寄生虫，很不卫生。如果喝了生水，生水中的各种细菌和寄生虫卵就会喝到肚子里，人就容易生病。

什么是生水

生水是没有烧开的水。它的范围很广，包括江河湖泊的水、地下河水，以及天上下的雨水和融化的雪水。

喝矿泉水好吗

喝矿泉水对人体很有益。矿泉水中含有大量的矿物质和微量元素等，可以加快人体代谢、保护皮肤弹性和防止血管破裂。

科普乐园

打嗝时，气管上口一直是开放的，空气不停地从气管流出。如果这时喝水，水很容易进入气管引起反射性的咳嗽，导致呼吸困难，所以打嗝时不能喝水。

为什么要经常洗澡

养成经常洗澡的好习惯

我们的皮肤经常要出汗并分泌一些油脂。它们和皮肤表面脱落下来的碎屑以及刮到身上的灰尘粘到一起，覆盖在皮肤上，使皮肤又痒又脏。同时，皮肤脏了，细菌也会侵入，使皮肤生疮。经常洗澡可以清洗掉皮肤上的污垢和细菌，使身体保持清洁和健康。

饭后不要马上洗澡

吃完饭后人体的调节系统要从全身“调集”一部分血液去“支援”消化系统的消化吸收功能。如果马上去洗澡，一方面会加剧心脏缺血，甚至发生心绞痛或老年体衰者猝死；另一方面，由于皮肤血管扩张，使本该“分配”给消化道的血液流向了体表，使消化道血量相对减少，影响食物的消化吸收，严重者甚至出现恶心、呕吐、上腹疼痛等不适。因此，洗澡时间最好选择在饭后1.5–2小时左右。

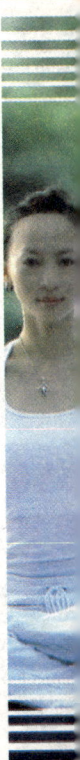

洗澡要注意些什么

洗澡时，搓擦皮肤不要太使劲。因为污垢、油脂等物质附着在表皮的角质层上，这层角质具有保护身体内部组织的作用。搓擦皮肤用力过大，会弄伤皮肤。

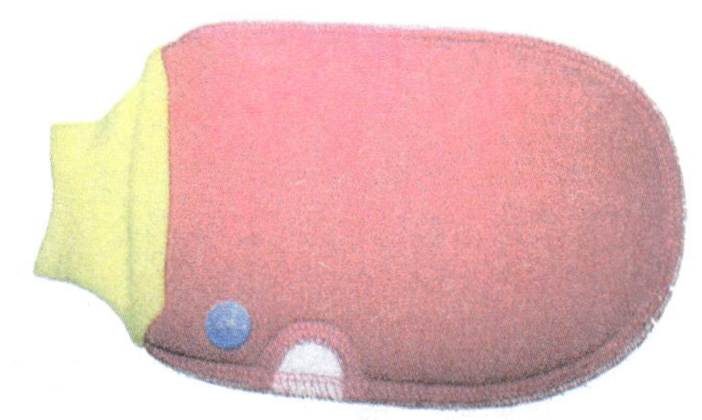

为什么不能挑食

营养六要素

食物中的六大营养成分，即蛋白质、糖类、脂类、水、无机盐和维生素，共同维系着人体的正常运转。同时，它们还参与无数的细胞活动，有助于生长及修补身体机能。

蛋白质是由氨基酸构成的。人体所需的22种氨基酸大多能由肝脏合成。

肉类、蛋类、牛奶和其他动物性食品，都含有全部22种氨基酸。

脂肪又分饱和脂肪和不饱和脂肪两种。

纤维是植物性食物中不能消化的部分，使大便易于排出，避免引起痔疮。

淀粉是由一长串糖分子构成的，在点心、马铃薯和多数水果中都有。

偏食

少年儿童正值长知识，长身体的时候，要使身体长得快、长的壮，就需要摄入各种营养。可是，每一种食物并不是什么营养都有，有的缺这一种，有的缺那一种。如果孩子长期偏食，会引发营养不良，出现肥胖和消瘦的症状。所以为了长高长结实，小朋友们就得什么饭菜都吃，可不能挑食。

多吃零食对身体不好

有些小朋友特别喜欢零食，巧克力、薯片、冰激凌等，一天到晚不停嘴，其实这样很不好，因为我们吃的东西要靠胃肠分泌的消化液消化，然后才能变成供人体吸收的各种营养。如果一天到晚不停地吃东西，胃肠就不停地分泌消化液，得不到休息。时间长了，胃肠的消化能力就会减退，引起消化不良和胃病等。

为什么不要用手揉眼睛

在皮肤的表面上，附着许多肉眼看不见的细菌。由于皮肤表面温度低，平常流汗又为酸性物质，具有杀菌作用，因此这些细菌不会造成伤害。但如果用手揉眼睛，将手中的细菌带入温度高、营养好的眼睛内，便容易引起发炎、眼疾等。所以，小朋友一定不要用手揉眼睛，尤其当手不干净的时候。

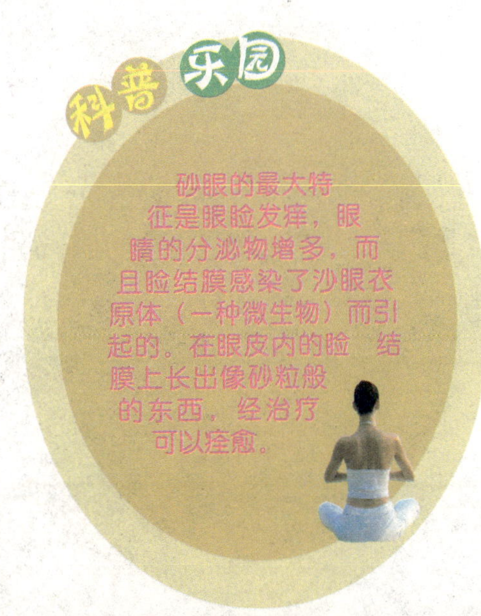

科普乐园

砂眼的最大特征是眼睑发痒，眼睛的分泌物增多，而且睑结膜感染了沙眼衣原体（一种微生物）而引起的。在眼皮内的睑结膜上长出像砂粒般的东西，经治疗可以痊愈。

多看绿色对眼睛有什么好处

绿色属于中性色素，而且反射出来的光线只有百分之四十七（红色为百分之六十，黄色更多，为百分之六十五），较不刺激眼睛。并且树木、青草又能吸收强光中的紫外线，对人体的神经系统和眼睛内的视网膜都有助益。因此，平日走入自然中，多看看远处及绿色植物，不但眼睛获得舒解，眼睛的疲劳很快消失，而且精神也倍感轻松愉悦。

科普乐园

眼睛的保护方法：

①适宜的光线：光线的强弱、光源的方向、目视距离都要适当，千万不要躺在床上看书。
②适当的休息：要经常闭目养神或远望绿树，注视电视屏幕的时间不要太长。
③营养的食物：蛋白质、维生素A和维生素B要多摄取。
④注意眼部清洁：不可用公用毛巾，不去不洁的游泳池。
⑤避免眼球外伤：眼睛有异物，泪腺会分泌泪液将脏物洗出，不可揉擦。刀叉及尖锐物品使用时要小心。

为什么饭含在嘴里越久会越甜

我们吃下去的食物，先在嘴里初步加工，牙齿将大块的食物变成了细小的颗粒；在这同时，唾液腺不断分泌唾液，唾液中的淀粉酶，就和食物中的淀粉发生化学作用，把淀粉变成麦芽糖。麦芽糖含在口中，刺激舌头上的味蕾，感觉很甜。所以饭含在口中越久，分解出的麦芽糖就越多，在刺激味蕾，我们便会觉得饭是甜的。

消化液中的各种消化酶，分别分解不同的营养素，使它们容易被吸收。

消化液	消化酶	消化酶的功能
唾液	唾液淀粉酶	把淀粉变成麦芽糖。
胃液	胃蛋白酶	使蛋白变性，易于消化。
胆汁	不含消化酶	使脂肪细小，帮助消化。
胰液	胰淀粉酶	把淀粉变成麦芽糖。
	蛋白质水解酶	把蛋白质变成多肽和氨基酸。
	胰脂肪酶	把脂肪变成脂肪酸和甘油。
肠液	肠淀粉酶	把麦芽糖变成葡萄糖。
	蔗糖酶	把砂糖和葡萄糖变成果糖。
	乳糖酶	把乳糖和葡萄糖变成单糖。
	蛋白酶	把蛋白质变成氨基酸。
	脂肪酶	把脂肪变成脂肪酸和甘油。

为什么吃了冰冷的东西，牙齿会酸痛

牙齿是一个活的组织，内有许多神经感受器，外围被一层像水晶一样硬的珐琅质所保护着。在珐琅质完好时，对于一般的酸、甜、冷、热都不太有感觉，但是如果珐琅质磨损，牙本质就露出来。牙本质内的神经感受器在遇到刺激时非常敏感。这时，吃根冰棒，喝杯热茶，甚至咀嚼一些硬的食物，牙齿都会感到酸痛。所以，千万要爱护自己的牙齿。

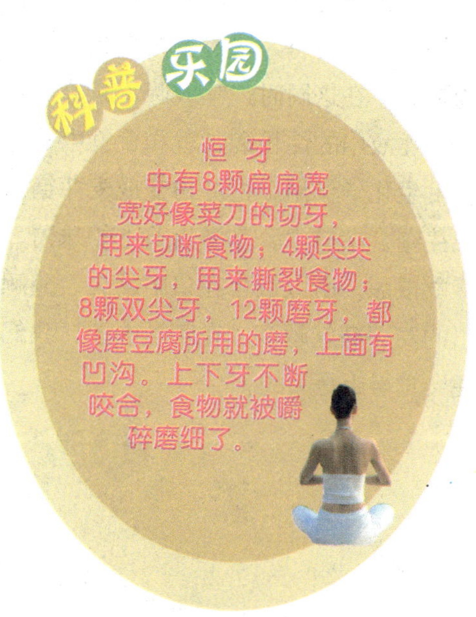

科普乐园
恒牙
中有8颗扁扁宽
宽好像菜刀的切牙，
用来切断食物；4颗尖尖
的尖牙，用来撕裂食物；
8颗双尖牙，12颗磨牙，都
像磨豆腐所用的磨，上面有
凹沟。上下牙不断
咬合，食物就被嚼
碎磨细了。

吃东西时一定要细嚼慢咽吗

胃是一个柔软的肌肉组织，过于坚硬的食物无法消化，必须分泌更多的胃液来帮忙，但是太多的胃液又会损坏胃壁，严重者会胃穿孔。所以，食物咀嚼久一些，口腔会分泌更多的唾液帮助消化，才不会增加胃的负担。

科普乐园

胃的作用是把食物和胃液充分搅拌，并贮存食物，再一点一点送向小肠。胃溃疡病人手术后，几乎把胃整个切除了，但因小肠能消化食物，所以能继续活下去。可是小肠不能取代胃，这时，就得少量多餐，改吃易消化的食物。

为什么睡觉时会翻身

每个人平均每晚睡觉时共翻身20～30次之多，这是为了避免身体某部位长时间承受太大的压力而麻木。翻身改变睡姿，可以分担掉体重的压力。

有些睡觉打呼噜的人通过翻身，改变一下睡眠的姿势，使呼吸通畅，呼噜声就轻松了。有的小朋友俯睡时会流口水，改为仰睡，就不会流口水了。

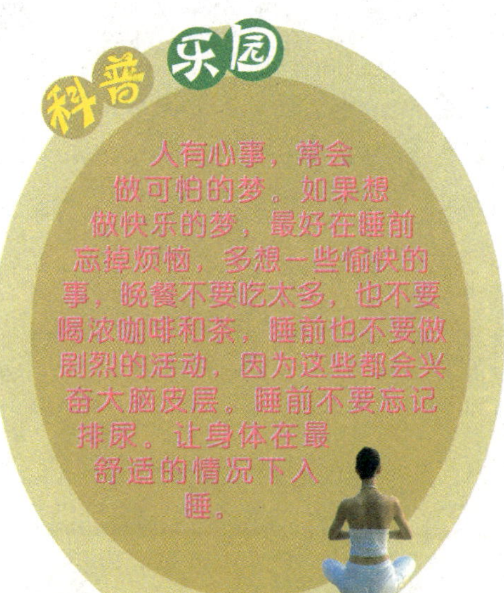

科普乐园

人有心事，常会做可怕的梦。如果想做快乐的梦，最好在睡前忘掉烦恼，多想一些愉快的事，晚餐不要吃太多，也不要喝浓咖啡和茶，睡前也不要做剧烈的活动，因为这些都会兴奋大脑皮层。睡前不要忘记排尿，让身体在最舒适的情况下入睡。

为什么睡觉时会说梦话

睡觉做梦的人很多，睡着了说梦话的人也不算少。一般说来，睡眠后说梦话，是因为大脑负责控制说话的部位并未随着睡眠运动而停止工作，反而保持清醒，并且下达命令，使发声肌肉继续工作。所以，虽然人睡着了，可还能将梦中的对话说出来，如果和说梦话的人对话，他还能有问必答呢！

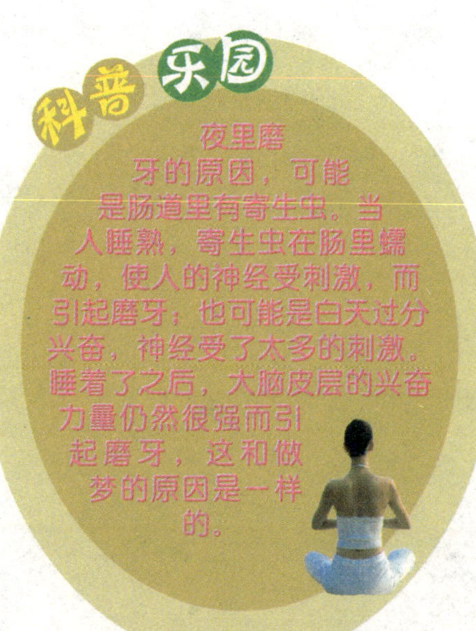

科普乐园

夜里磨牙的原因，可能是肠道里有寄生虫。当人睡熟，寄生虫在肠里蠕动，使人的神经受刺激，而引起磨牙；也可能是白天过分兴奋，神经受了太多的刺激，睡着了之后，大脑皮层的兴奋力量仍然很强而引起磨牙，这和做梦的原因是一样的。

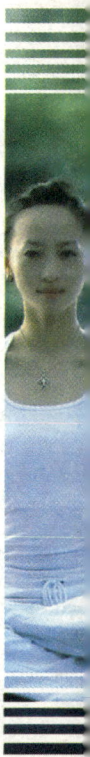

第七章

健康有益的运动

Jiankang Youyi De Yundong

体育运动是人们遵循人体的生长发育规律和身体的活动规律，通过身体锻炼、训练、竞技比赛等方式达到增强体质，提高运动技术水平，丰富文化生活为目的的社会活动，可以保持健康，提升免疫能力。科学、适时、适度、适量的运动会对健康更有益。

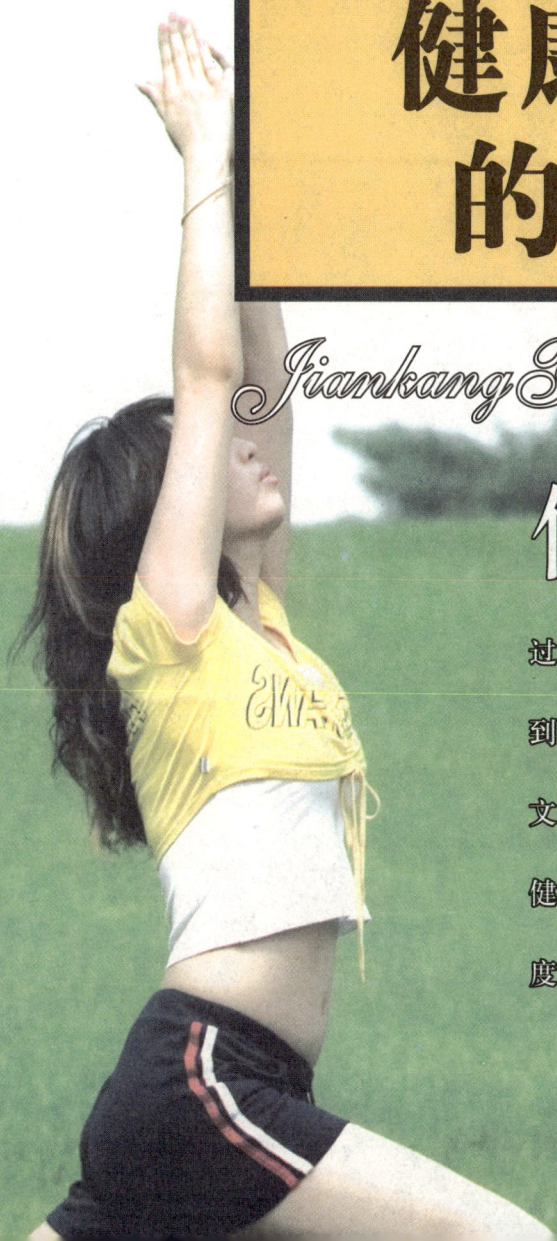

为什么运动前要做准备活动

在学校运动场上，往往会出现肌肉拉伤、肚子痛和腿抽筋等现象，这都是因为他们没有做运动前的准备活动。运动前的准备活动有什么作用呢？在正式运动之前，进行身体的练习，可以使体温身高，我们的肌肉和神经就兴奋起来，呼吸，血液循环加快，供给我们丰富的氧气和养料，并且肌肉和韧带也都活动开来，这样就会大大提高运动效率和水平，取得好的成绩，还能防止运动损伤。

要想取得好成绩，运动前热身很重要，有人做过下面的实验，运动前做8分钟热身运动，100米跑成绩能提高1.0%，200米跑成绩能提高1.5%。

剧烈运动后为什么肚子疼

运动时肚子痛医学上称为运动性腹痛。产生的原因很复杂。一般是准备活动不充分，造成胃肠供血突然减少，由于缺少血液，引起胃肠肌肉痉挛。另外就是骤然运动使得内脏器官没有很好协调，造成肝脾淤血肿大。导致腹部疼痛。另外，突然剧烈运动，使得呼吸肌的供氧量减少，也会腹痛。

科普乐园

北京医科大学运动医学研究所调查627名运动员，发现其中有15%的运动员有过运动性腹痛。运动性腹痛一般不会持续很久，只要使劲按压疼痛的地方就会缓解。再加上深呼吸，帮助内脏器官内的血液回到心脏，就可以减轻腹痛。

为什么健步运动有益健康

城市里车辆多了，街上行人减少了。但也有不少人加入健步运动行列，他们每天大步流星地走路。步行中，他们全身肌肉和关节有力、有节奏地震荡，心脏强有力地收缩，血液循环加快，肺活量增加，增强胃肠消化吸收机能，通经活络，肌肉坚实发达，心情愉快。健步运动使人身心受益。让我们加入步行行列，少坐车、多健步。

科普乐园

健步运动，不是散步那样的悠闲，也不像跑步那样的剧烈，每秒2步，然后呼吸1次。在为期16年的调查中，一星期步行15千米的人和一星期步行5千米的人相比，前者寿命比后者长21%。以步行为唯一锻炼项目的人，最低运动量是10000步，如果每分钟走100步，那么至少要走1个小时以上，才能达到活动身体、保持身体健康的目的。

森林浴对人有什么好处

森林里有青翠欲滴的绿叶，让人的眼睛得到休息；有充足的氧气，使人精神爽快；还有树叶气孔蒸发的水汽，及其四周散发的阴离子，安定人的神经。千万片树叶吸去了许多大气中的灰尘和细菌，换来干净、潮湿和新鲜的空气；鸟儿婉转鸣叫，让人欢快喜悦，充满生命活力。人生活在这么好的环境里，自然会健康快乐。

科普乐园

森林里面的树木、落叶和土壤吸收了大量的雨水，经过它们的过滤，雨水变成泉水，叮咚地流入小溪，小溪汇成小河，从高山泻下，形成瀑布，然后欢快地奔涌到大江大海中。每公顷森林至少可以存储3000立方米水，300公顷森林相当于一座100万立方米的水库，所以森林就是绿色水库。

为什么日光浴有益身体健康

假日的海滩上，有许多人戴着墨镜躺卧沙上晒太阳，这就是日光浴。淋浴着明媚的阳光和新鲜空气，水汽充盈在身上，非常惬意。你知道为什么日光浴有益身体健康吗？原来日光中有紫外线和红外线。紫外线能杀死皮肤上的细菌；还可以让皮肤合成维生素D，在它的作用下，就可以吸收食物中的钙，有利人体生长；紫外线还刺激骨骼产生更多红细胞。红外线能扩张血管，使人体发热。

科普乐园
阳光中的紫外线不易穿透普通玻璃，因此室内活动不能得到紫外线的照射，所以阳光浴一定要把皮肤暴露在阳光下。日光浴的温度最好在24～33℃之间，不能超过34℃。在夏秋季进行日光浴时间最好在11点到13点之间。日光浴不能让阳光直接照射头部，最好戴上帽子遮阳，配戴深色眼睛，保护眼睛。空腹和饭后不能马上做日光浴。

为什么饭后不能立即运动

人体血液流量能根据需要，进行调配。当人做运动时，大量的血液涌入肌肉中，供给身体运动需要的能量；当人吃饭时，大量的血液汇集到胃肠里，帮助人体消化吸收。如果吃饭后去运动，血液进入肌肉中，胃肠血液量减少，影响了消化和吸收。同时因为肠胃充满了食物，运动时，由于重力的影响，震动拉扯胃肠系膜，刺激上面的感受器，从而产生疼痛的感觉。因此，饭后不宜立刻做剧烈运动。

科普乐园

人体是一架精密的仪器，同时又是复杂的机器，随时可以根据人的活动进行调节，这架机器的调节系统就是神经。在神经调节下，吃饭时血液进入肠胃，帮助消化吸收；运动时血液进入肌肉，供给能量。人体的这架机器是有一定规律的，我们要按照规律去做，不然就会生病。

为什么适量运动使大脑更灵活

适量锻炼身体，血液循环和呼吸加快，身体各个器官都处于运动状态，在神经系统调节下，它们协调一致，又合作默契。在协调各器官运动的过程中，神经系统需进行大量物质、能量的消耗和补充，此时神经细胞充满活力，因而神经系统更加灵敏、快速、指挥和协调能力更强，人的反应更加敏锐，适应能力增强。经常锻炼，你当然会变得越来越聪明了。

科普乐园

神经细胞

向肌肉释放特殊物质，对肌肉有营养作用。如果神经损坏，就不能给肌肉提供营养，长期供养不足，肌肉就萎缩了。

为什么运动后肌肉酸痛

奇妙人体百科

平时运动量较小的人，突然参加剧烈的比赛运动，由于身体各器官机能较差，就会导致氧气供应不上，体内产生大量的乳酸，堆积在肌肉中。乳酸是酸性物质，它刺激肌肉中的神经末梢，引起疼痛的感觉。另外乳酸堆积后，吸收了周围的水分，造成肌肉水肿，也会有酸痛感觉。防止运动后肌肉酸痛，要注意三点：一是坚持经常运动。二是运动强度不要过大。三是运动后要及时做放松练习。

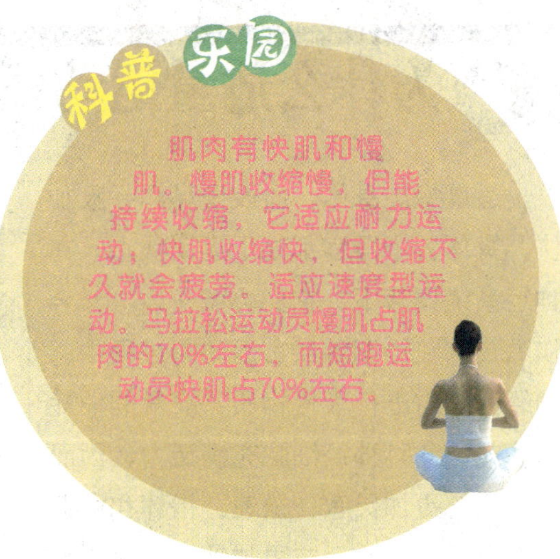

科普乐园
肌肉有快肌和慢肌。慢肌收缩慢，但能持续收缩，它适应耐力运动；快肌收缩快，但收缩不久就会疲劳。适应速度型运动。马拉松运动员慢肌占肌肉的70%左右，而短跑运动员快肌占70%左右。

为什么运动时要用口呼吸

课堂上老师告诉我们，平常不要用口呼吸，这样有利于健康；而运动时，最好用口呼吸，这是为什么呢？这是因为剧烈运动时，人体需要大量的氧气，因此只有尽可能地吸气和呼气，才能保证身体的需要。如果光靠鼻子，这个入口就显得太小了，这样势必会加快呼吸频率，增加呼吸肌的负担，容易产生疲劳。如果用口呼吸，或者口鼻并用呼吸，这样通气量增加了，就可以满足运动的需要。

在寒冷的天气里运动，如果采用口鼻呼吸的方法，一定要注意使用的方法。应该半开口腔，牙齿轻轻咬着，舌头轻轻顶住硬腭，把进入口腔的空气加湿和加温。我国著名运动员几乎都用口呼吸。与其他人种的面部和头部相比，黑人的口裂宽度很大，厚嘴唇，口向前突，这样唇黏膜的面积增大，可以加速水分子的蒸发使空气变凉，有助于他们在热带生活。

为什么运动后要喝适量盐水

运动完后，心脏还在狂跳，血液循环负担很重，大量的水进入胃后，使呼吸肌活动不畅，水吸收进入血液后，使本来繁忙的循环系统不堪重负，影响心脏功能。另外，出汗失水又失盐分，造成身体内盐分失调，应该及时补充。饮用少量淡盐水，即补充水分，又增添盐分，还不给身体增加额外负担，这样才是科学的补给方法。

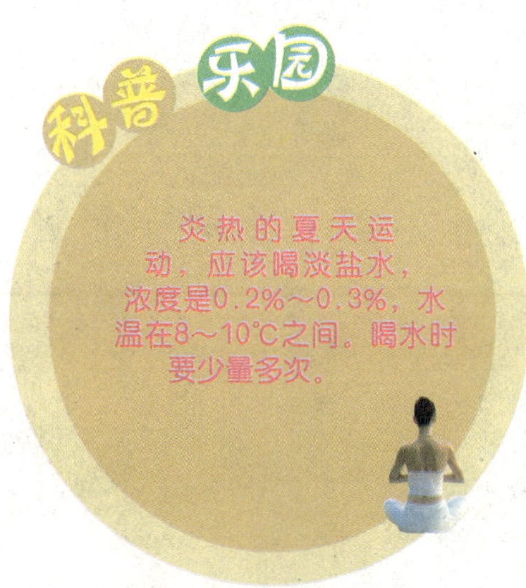

炎热的夏天运动，应该喝淡盐水，浓度是0.2%～0.3%，水温在8～10℃之间。喝水时要少量多次。

运动后怎样尽快恢复体力

激烈运动过后，消耗了体内大量物质，还产生了许多废物，要想尽快恢复体力，应从两方面入手。首先，我们可以做整理活动，相互按摩或者洗热水澡。这些方法都可以加快血液循环，消除疲劳，帮助恢复体力。另一方面，加强营养。补充各种营养物质，保证充足睡眠，让神经内脏器官、肌肉充分休息，合成新物质，修复细胞和组织。

第八章

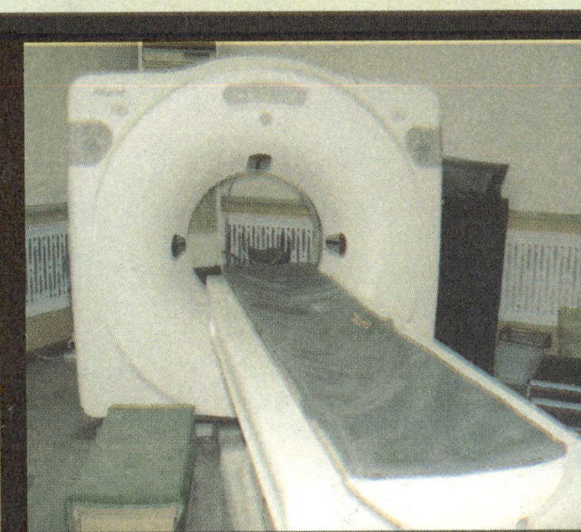

先进的医学及其常见疾病

Xianjin De Yixue Jiqi Chang jianjibing

人类社会的发展过程，是一个与外界各种困难作斗争的过程，疾病就是这种种困难之一。社会的进步，医学的发展，不仅为人类创造了幸福，延续了人的生命，而且也为人类揭示了种种疾病的成因，使人类更好地保护自己，健康地生活。

人体如何预防病菌的

致病菌的种类

真菌性感染。主要是外源性感染，浅部真菌有亲嗜表皮角质特性，侵犯皮肤、指甲及须发等组织，顽强繁殖，发生机械刺激损害，同时产生酶及酸等代谢产物，引起炎症反应和细胞病变。溶部真菌，可侵犯皮下，内脏及脑膜等处，引起慢性肉芽肿及坏死。

条件性真菌感染。主要是内源性感染（如白色念珠菌），亦有外源性感染（如曲霉菌），此类感染与机体抵抗力、免疫力降低及菌群失调有关，常发生于长期应用抗生素、激素、免疫抑制剂、化疗和放疗的患者。

过敏性真菌病。系在各种过敏性或变态反性疾病中，由真菌性过敏原（如孢子抗原）引起过敏症，如哮喘，变态反应性肺泡炎和癣菌疹等。

真菌毒素中毒症。真菌毒素已发现100多种，可侵害肝、肾、脑、中枢神经系统及造血组织。如黄曲霉素可引起肝脏变性，肝细胞坏死及肝硬化，并致肝癌。实验证明，用含0.045PPM黄曲霉素饲料连续喂养小白鼠、豚鼠、家兔等动物可诱生肝癌，桔青霉素可损害肾小管，肾小球发生急性或慢性肾病。黄绿青霉素引起中枢神经损害，包括神经组织变性，出血或功能障碍等。某些镰刀菌素和黑葡萄穗素主要引起造血系统损害，发生造血组织坏死或造血机能障碍，引起白细胞减少症等。

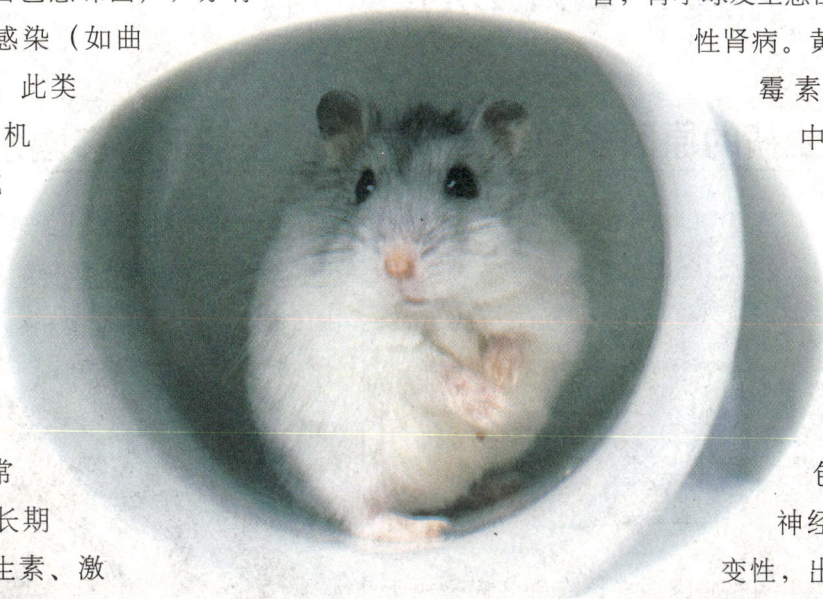

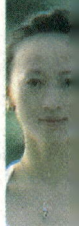

身体抵挡病菌的防线

我们生活的环境中，到处都有细菌和病毒，其中一些会引起疾病。那人体是如何防御病菌的呢?

人体有四道防线：首先是皮肤防御机械、物理、化学和生物损伤，皮脂有杀菌作用；其次是口鼻、器官、眼、耳的黏膜，有杀菌作用；再次是血液中的白细胞吞噬病菌；还有血脑屏障，可以挡住病菌及其毒素，保护我们脑组织。另外，胎儿有一个胎盘屏障，能挡住母体中的病菌和毒素物质，保护胎儿免受感染。

人为什么会生病

生病的原因多种多样

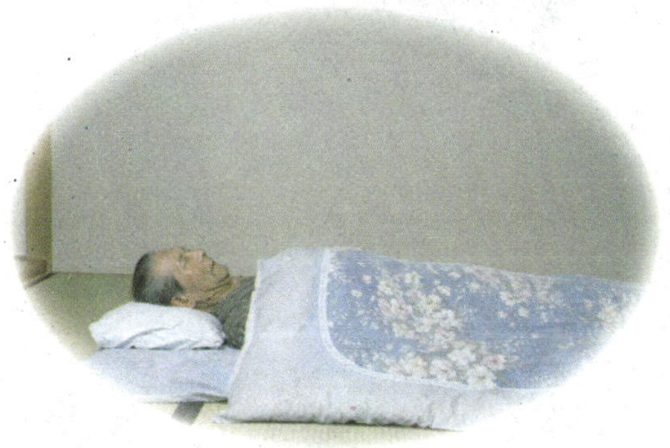

人生病的原因很多，有许多病是由于自身不注意清洁卫生引起的，饭前便后不洗手，吃了不干净的食物，就会拉肚子；身体着凉了，或与传染病人接触后，容易引起感冒、肝炎等疾病；人们平时如果不锻炼身体等，也会引起各种疾病。

生病时要多喝水

人在生病时多喝水，可以补充体内的水分，可以增加小便的次数，排出体内毒素，加快病情好转。

生病了怎么办

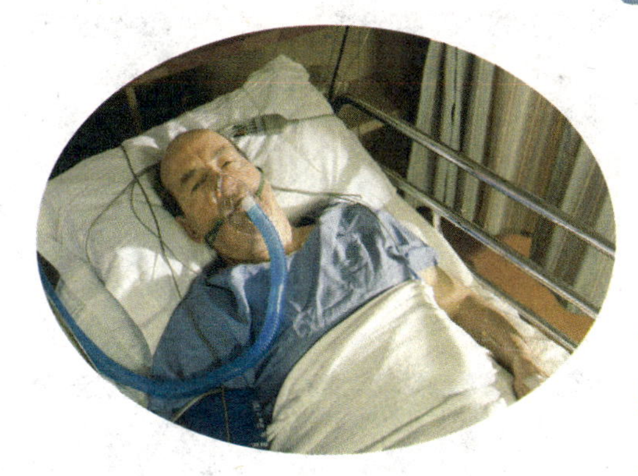

人生病了，要找医生看病。医生会对症下药，给病人吃药打针，杀死病菌，治好疾病，所以生病时一定要听医生的话，按时吃药打针，这样才能早日恢复健康。

什么是亚健康状态

亚健康的临床表现

亚健康是处于健康与疾病之间的一种状态，又称第三状态。也就是人们常说的“慢性疲劳综合症”。亚健康的人虽然没有发病，但是却没有精神，身体疲倦，心情经常处以低谷，就像生病了一样。这是因为，此时身体或器官中已经有危害因子或危害因素存在，这些危害因子或危害因素，就像是埋伏在人体中的定时炸弹群，随时可能爆炸；或是潜伏在身体中的毒瘾缓慢地侵害着肌体，如不及时消除，就可能导致发病。

怎样对待亚健康

亚健康是一种临界状态，对于亚健康状态的人，虽然没有明确的疾病，但却出现精神活力和适应能力的下降，如果这种状态不能得到及时纠正，非常容易引起身心疾病。因此，我们平时应该树立正确的人生观保持好的心态，积极向上，加强体育锻炼，这才能防止亚健康。如果正处于亚健康，就该对症下药：看心理医生；多参加集体活动；对环境和社会有个很好的认识，调整好学习和生活的心态。

什么是植物人

植物人虽然还是活着的，呼吸、心跳、吞咽等先天性本能仍存在，但是他却不能进行说话、吃饭、跑步等一切运动。这种病人像植物一样，可以维持生命，而本身是不能动的。

什么是结核病

结核病是由结核杆菌感染引起的慢性传染病。结核菌可能侵入人体全身

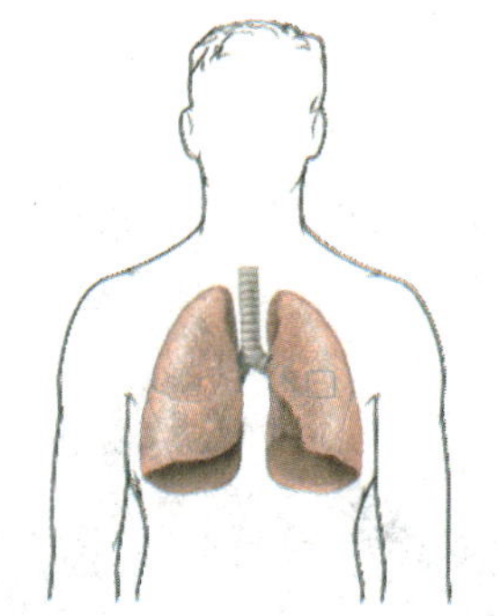

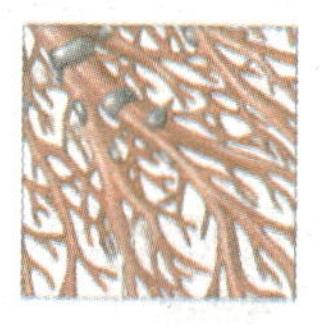

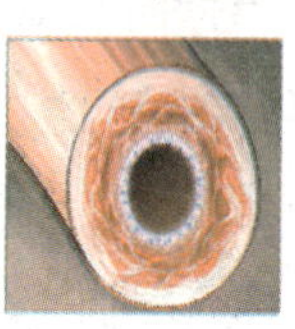

各种器官，但主要侵犯肺脏，称为肺结核病。结核病又称为痨病和“白色瘟疫”，是一种古老的传染病，自有人类以来就有结核病。在历史上，它曾在全世界广泛流行，曾经是危害人类的主要杀手，夺去了数亿人的生命。1882年科霍发现了结核病的病原菌为结核杆菌，但由于没有有效的治疗药物，仍然在全球广泛流行。自20世纪50年代以来，不断发现有效的抗结核药物，使这种流行病得到了一定的控制。但是，近年来，由于不少国家对结核病的忽视，减少了财政投入、再加上人口的增长、流动人口的增加、艾滋病毒感染的传播。使结核病流行下降缓慢，有的国家和地区还有所回升。所以，世界卫生组织于1993年宣布“全球结核病紧急状态”，确定每年3月24日为“世界防治结核病日”。结核病还是因病致贫、因病返贫的主要疾病。结核病还是一种人畜共患传染病。结核病不仅是一个公共卫生问题，也是一个社会经济问题。控制工作任重道远。只要政府重视，加大投入、实施现代、科学的控制策略、长期、不间断地与之斗争，结核病是可以治愈和控制的疾病。

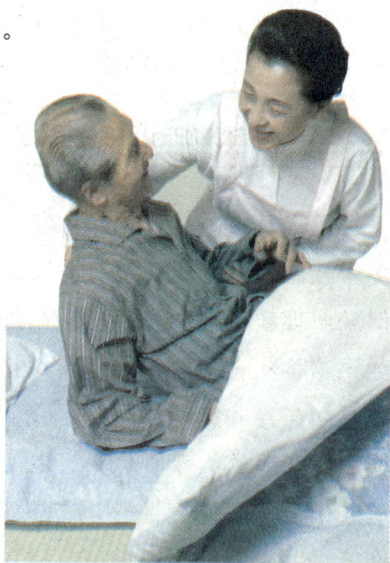

肺结核

早期或轻度肺结核，因无任何症状或症状轻微而被忽视，若病变处于活动进展阶段时可出现以下症状：

发热：表现为午后低热，多在下午4～8时体温升高，一般为37～38℃之间。这时病人常常伴有全身乏力或消瘦，夜间盗汗，女性可导致月经不调或停经。

咳嗽咳痰：是肺结核最常见的早期症状，但也最易使患者或医生误以为是"感冒"或"气管炎"而导致误诊。

痰中带血：痰内带血丝或小血块，大多数痰内带血是由结核引起的。

什么是黑死病

黑死病是历史上最为神秘的疾病。从1348年到1352年，它把欧洲变成了死亡陷阱，这条毁灭之路断送了欧洲三分之一的人口，总计约2500万人！在今后300年间，黑死病不断造访欧洲和亚洲的城镇，威胁着那些劫后余生的人们。尽管准确统计欧洲的死亡数字已经不可能，但是许多城镇留下的记录却见证了惊人的损失：1467年，俄罗斯死亡127000人，1348年德国编年史学家吕贝克记载死亡了90000人，最高一天的死亡数字高达1500人！在维也纳，每天都有500～700人因此丧命，根据俄罗斯摩棱斯克的记载，1386年只有5人幸存！

650年前，黑死病在整个欧洲蔓延，这是欧洲历史上最为恐怖的瘟疫。欧洲文学史上最重要的人物之一，意大利文

艺复兴时期人文主义的先驱薄伽丘在1348~1353年写成的《十日谈》就是瘟疫题材的巨著，引言里就谈到了佛罗伦萨严重的疫情。他描写了病人怎样突然跌倒在大街上死去，或者冷冷清清在自己的家中咽气，直到死者的尸体发出了腐烂的臭味，邻居们才知道隔壁发生的事情。旅行者们见到的是荒芜的田园无人耕耘，洞开的酒窖无人问津，无主的奶牛在大街上闲逛，当地的居民却无影无踪。

这场灾难在当时称做黑死病，实际上是鼠疫。鼠疫的症状最早在1348年由一位名叫博卡奇奥的佛罗伦萨人记录下来：最初症状是腹股沟或腋下的淋巴肿块，然后，胳膊上和大腿上以及身体其他部分会出现青黑色的疱疹，这也是黑死病得名的源由。极少有人幸免，几乎所有的患者都会在3天内死去，通常无发热症状。

科普乐园

10％的欧洲人对艾滋病有免疫能力。艾滋病可谓是20世纪以来流行最广泛、破坏最严重的瘟疫。为了寻找对策，各国都伤透了脑筋。而欧洲却享有天时地利，其中10%的人生来就带有抵抗艾滋病的基因突变。这种基因突变名为CCR5-32，它引发白细胞表面常规CCR5蛋白质突变，从而阻止艾滋病毒进入细胞破坏机体免疫功能。遗传学家发现它们早在2500年前就已经存在，好像对未来基因命运未卜先知一样。

什么是艾滋病

艾滋病的中文全称是获得性免疫缺陷综合征，英文的缩写是AIDS，中文的音译为艾滋。在香港、台湾和海外中文报刊中，也有译为爱滋病、爱之病、爱死病的，意思是本病的发生、传播与人的性行为有密切关系的。

具体些来说，艾滋病是人体自身免疫防卫系统受到破坏的传染性疾病，是由

人类免疫缺陷病毒(HIV)侵入人体淋巴系统而致病的，所以它不是一种先天遗传性的疾病，而是后天感染的疾病。众所周知，健康的人体内的淋巴系统具有重要的免疫防卫功能，这就是大家说的抵抗力，患上艾滋病后，这种免疫防卫功能遭到破坏，人体的抵抗力大大降低乃至完全消失，使得一些病原体或微生物很容易侵入到人体内而致病，而且很难治愈。这些病原体，我们称之为机会感染者，意思是它们是靠特殊的机会和条件才得以侵入人体而致病的，其中有卡氏肺囊虫肺炎、弓形体病、巨细胞病毒、隐孢子虫病、霉菌等。作为免疫功能正常的健康人是很不容易得这类疾病的，而在免疫功能遭到破坏的艾滋病人身上，这些病原体得到机会，大肆繁殖，构成病态，无法治愈，直至死亡。所以，艾滋病就是人体免疫系统遭到损

害的疾病，临床上具体表现是：各种病原体的感染和发生癌症，也是导致病人死亡的直接原因。

什么是非典型性肺炎

非典型性肺炎的危害性

传染性非典型肺炎是一种传染性强的呼吸系统疾病，目前除在国内部分地区有病例发生外，在世界其他多个国家和地区也有出现。世界卫生组织将传染性非典型肺炎称为严重急性呼吸综合征（Severe Acute Respiratory Syndromes），简称SARS。

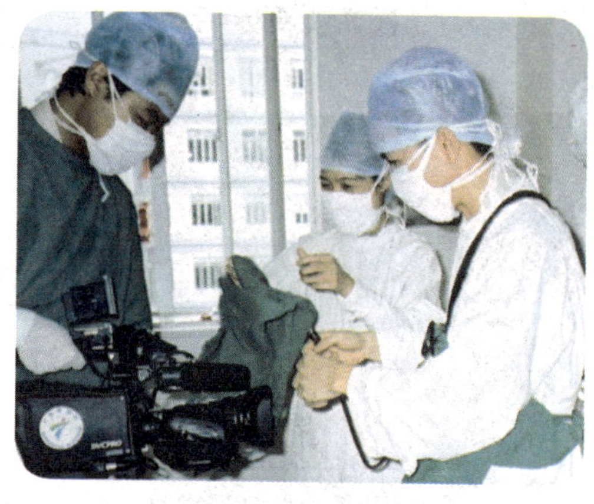

SARS是指主要通过近距离空气飞沫和密切接触传播的呼吸道传染病，临床主要表现为肺炎，在家庭和医院有显著的聚集现象。起病急，以发热为首发症状，体温一般高于38℃，偶有畏寒；可伴有头痛、关节酸痛、肌肉酸痛、乏力、腹泻；可有咳嗽，多为干咳、少痰，偶有血丝痰；可有胸闷，严重者出现呼吸加速，气促，或明显呼吸窘迫。

世界卫生组织4月16日确认，冠状病毒的一个变种是引起非典型肺炎的病原体。这个重要发现使科学家能够集中研究病毒，开发疫苗和新药、或者筛选现有药物。现在研究人员正着手研究临床诊断、预防和治疗SARS的方法。

专家表示，各个年龄段都有可能会被传染上“非典”，大家都应该引起警惕。当然体质比较好的，可能发病就要轻一些，病情要短一些，原来有基础病，一感染就变成重病，原来有基础病，年龄比较高的，对他们来说就危险一些。这还跟接触的“非典”病人的感染力有关。

非典型性肺炎的传播速度

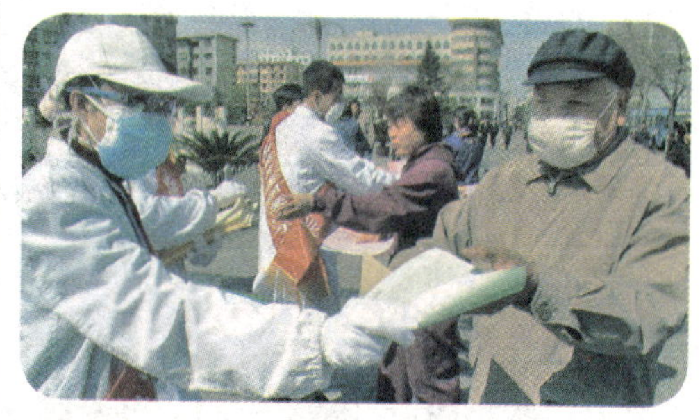

非典型性肺炎曾经在我国肆虐一时，但是最后还是被我国人民战胜，非典型性肺炎之所以能够飞速地传播，主要是因为它传播的途径多，病菌存活的时间长，人们对它的了解很少。

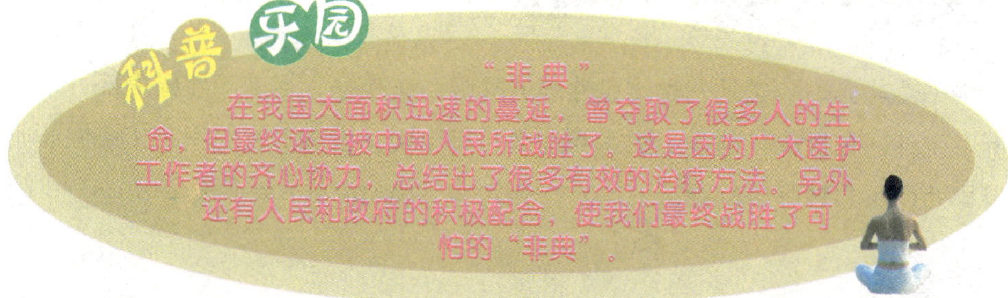

科普乐园
“非典”在我国大面积迅速的蔓延，曾夺取了很多人的生命，但最终还是被中国人民所战胜了。这是因为广大医护工作者的齐心协力，总结出了很多有效的治疗方法。另外还有人民和政府的积极配合，使我们最终战胜了可怕的“非典”。

什么是癌

人们常说的癌是各种恶性肿瘤的总称。严格地说，人体的皮肤和某些器官(如消化道、呼吸道)的黏膜组织发生的恶性肿瘤才称得上癌，如食管癌、胃癌和肺癌等；而其他组织的恶性肿瘤叫肉瘤，如淋巴肉瘤和骨肉瘤等。癌的发生率远比肉瘤多，所以人们常把恶性肿瘤统称为癌。癌是怎么回事呢？癌是由癌细胞组成的，人体内大约有2000万亿个细胞，在正常的生理条件下，它们都在有条不紊地进行着工作，按照一定的方式和速度不断新生、成长、衰老和死亡，非常有规律地进行着新陈代谢，以维持人体的正常功能。但是，在某些条件(放射线、病毒、霉菌、理化因素等)的影响下，有些细胞不受任何限制地盲目生长、自由发展，其生长速度远比正常细胞为快，从而消耗了人体内的大量营养，这些恶性增殖的细胞就称为癌细胞。癌细胞的快速增殖和特殊的代谢过程，破坏了人体内的组织、器官的结构，使其丧失功能。如在肺癌病人的肺泡内，因为有大量癌细胞的充塞，肺组织受到破坏，最后使病人的肺失去了呼吸功能。

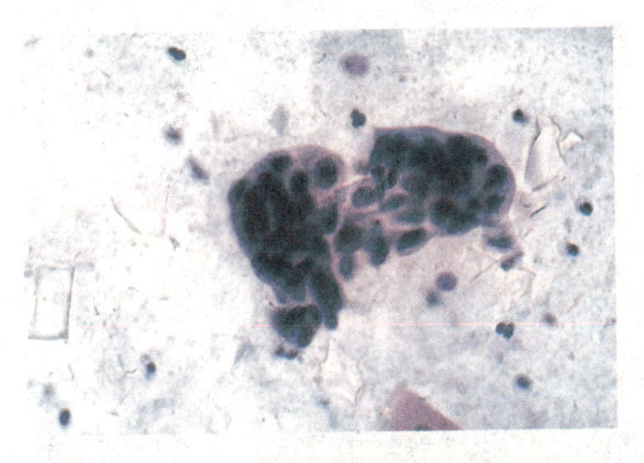

科普乐园

良性肿瘤，是细胞间质的血流瘀滞而造成的细胞肿胀；恶性肿瘤，是有癌基因的细胞，突破了胶原纤维的包围圈，进行生长；恶性肿瘤的分类很多，起源于上皮组织的叫癌、起源于间叶组织的叫肉瘤、还有起源于淋巴组织和血液组织的，起源于神经组织的，起源于其他组织的，还有组织来源不明的。为了简化名称，一般统称癌；境界瘤，是畸形细胞不规则生长，突破了胶原纤维的包围圈，但是没有癌基因，因此不转移。境界瘤比良性肿瘤和恶性肿瘤要多得多。这是最容易误诊误治的病种。

为什么说流行性感冒不是小病

症状诊断

流行性感冒（infuenza.简称流感）是由流感病毒引起的急性呼吸道传染病，病原体为甲、乙、丙三型流行性感冒病毒，通过飞沫传播，临床上有急起高热、乏力、全身肌肉酸痛和轻度呼吸道症状，病程短，有自限性，中年人和伴有慢性呼吸道疾病或心脏病患者易并发肺炎。流感病毒、尤以甲型，极易变异，往往造成暴发、流行或大流行。自上世纪以来已有五次世界性大流行的纪载，分别发生于1900、1918、1957、1968和1977年，其中以1918年的一次流行最为严重，死亡人数达2000万之多。我国从1953年至1976年已有12次中等或中等以上的流感流行，每次流行均由甲型流感病毒所引起。进入20世纪80年代以后流感的疫情以散发与小暴发为主，没有明显的流行发生。

治疗措施

流感患者应及早卧床休息，多饮水、防止继发感染。高热与身痛较重者可用镇痛退热药，但应防止出汗较多所致的虚脱，在儿童中禁用阿司匹林，防止雷氏综合征的发生。干咳者可用咳必清，棕色合剂或可待因。高热、中毒症状较重者，应于以输液与物理降温，密切观察病情，及时处理并发症，如有继发细菌感染时，针对病原菌及早使用适宜的抗菌药物。中药如感冒冲剂、板蓝根冲剂在发病最初1～2天使用，可减轻症状，但无抗病毒作用。

传播方式

传染源病毒存在于病人的鼻涕、口涎、痰液中，并随咳嗽、喷嚏排出体外。

传播途径。主要通过空气飞沫传播，病毒存在于病人或隐性感染者的呼吸道分泌物中，通过说话、咳嗽或喷嚏等方式散播至空气中，并保持30分钟，易感者吸入后即能感染。

易感人群。人群对流感病毒普遍易感，与年龄、性别、职业等都无关。抗体于感染后1周出现，2～3周达高峰，1～2个月后开始下降，1年左右降至最低水平。

为什么伤口会化脓

嗜中性白细胞做变性运动

当我们身体受伤以后，细菌乘虚而入，入侵人体，在人体内繁殖，并且放出毒素。这时机体会调动血液中的斗士——白细胞，去和细菌作战。血液中的嗜中性白细胞做变性运动，穿出血管壁，到达伤口，吞噬入侵的细菌，分解掉细菌。白细胞把细菌消灭掉的同时，它自己不久也会死掉，白细胞的死骸堆积起来，这就是脓。

红肿的小疖子

细菌进入破损的皮肤，在那儿繁殖，这时我们的皮肤生出红肿的小疖子，还没有化脓。医生告诫可不能挤它，因为白细胞正在与细菌格斗，胜负未决，如果挤它，会把细菌挤到红肿以外的组织中，造成伤口的扩大，这样就更不容易痊愈了。

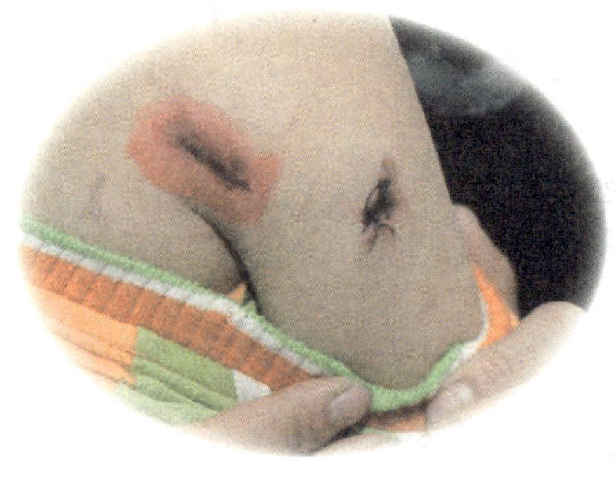

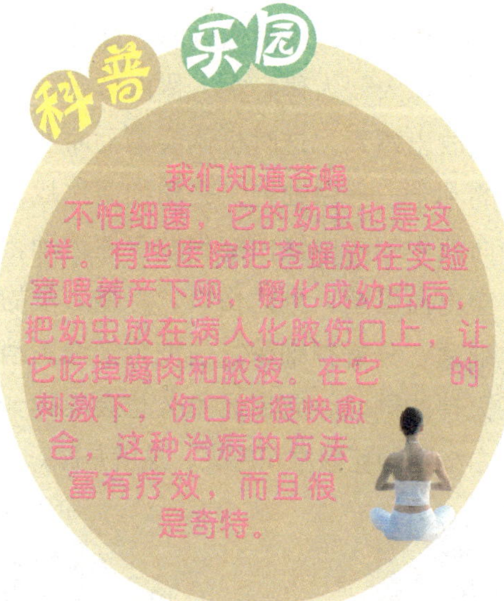

科普乐园

我们知道苍蝇不怕细菌，它的幼虫也是这样。有些医院把苍蝇放在实验室喂养产下卵，孵化成幼虫后，把幼虫放在病人化脓伤口上，让它吃掉腐肉和脓液。在它的刺激下，伤口能很快愈合，这种治病的方法富有疗效，而且很是奇特。

什么是狂犬病

狂犬病由狂犬病病毒引起，人类也会因被狂犬咬伤而感染，其他感染本病的温血动物如猫、狼、狐等也可传播。其特征性症状是恐水现象，即饮水时，患者会出现吞咽肌痉挛，不能将水咽下，随后患者口极渴亦不敢饮水，故又名恐水症。资料显示，狂犬病曾光顾过世界上100多个国家，夺走过数千万人的生命。

人的狂犬病绝大多数是由带狂犬病毒的动物咬伤（抓伤）而感染发病。潜伏期短到10天，长至2年或更长，一般为31～60天，15%发生在3个月以后，视被咬部位距离中枢神经系统的远近和咬伤程度，或感染病毒的剂量而异。狂犬病病死率极高，一旦发病几乎全部死亡，全世界仅有数例存活的报告。但被狂犬咬伤后，若能及时进行预防注射，则几乎均可避免发病。因此，大力普及狂犬病知识，使被咬伤者能早期接受疫苗注射非常重要。狂犬病遍布于全世界，中国仍时有发生。因野生动物中也存在本病，故要彻底消灭非常困难，但若能管理好家犬则可大大减少发病率。

19世纪时，狂犬病每年都要夺走数以百计的法国人性命，为此，法国微生物学家巴斯德开始研究如何对付狂犬病。

巴斯德发现，病菌在空气中的氧化时间越长，毒性就会越弱。要是将毒性减弱后的病菌放在有利于它们生长的环境，如人和动物体内，它们又会再度大量繁殖。巴斯德研制出狂犬病病毒疫苗后成功地在狗身上进行了试验，但却不敢轻易在人身上尝试。

1885年的一天早晨，一位满面愁容的中年妇女来到巴斯德的研究所，恳求巴斯德救救她被狂犬咬伤的孩子约瑟夫。巴斯德深知，如果将疫苗接种到约瑟夫身上，只会出现两种情况：救了约瑟夫或加速约瑟夫的死亡。第一天他只用上很小的剂量，之后每天才逐渐加大剂量。几天后，约瑟夫奇迹般地康复了，用于人类的狂犬病疫苗从此诞生了。巴斯德的人工免疫法为现代免疫学奠定了强有力的基础。

什么是CT检查

CT机是计算机X线断层摄影机，它是由X光机发展而来的。其分辨率和定性诊断准确率大大高于一般X光机。

一般来说，CT对所有器质性疾病都可以进行检查，尤其对密度差异大的器质性占位病变都能检查出来并做出定性诊断。但最适于CT检查的病是脑部疾病，其中对肿瘤、出血及梗塞等病检查效果最好，其次是腹部实质脏器的占位病变，如肝、脾、胰、肾、前列腺等部位的肿瘤，对乳腺、甲状腺等部位的肿块也能显示并做出诊断；再其次则是对胸腔、肺、心腔内的肿块，脊柱、脊髓、盆腔、胆囊、子宫等部位的肿块检查。CT对一些弥漫性炎症及变性性病变的检查效果稍差，如对肝炎，CT检查无多大价值，对胃肠道内病变的检查，CT不如内窥镜。

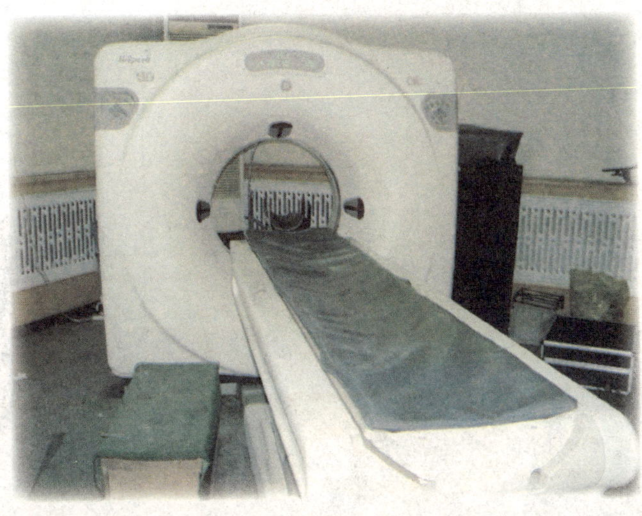

CT对肿瘤、肿块、出血等易于查出；但病变太小，尤其小于6毫米的病变，CT则难查出。

CT机属于放射线检查机器，所以有一定的放射线损伤，但人体所受的X线很少，每次检查所受的放射线仅比一般X光检查略高一点，一般不能引起损伤，但盲目的多次CT检查是不好的。

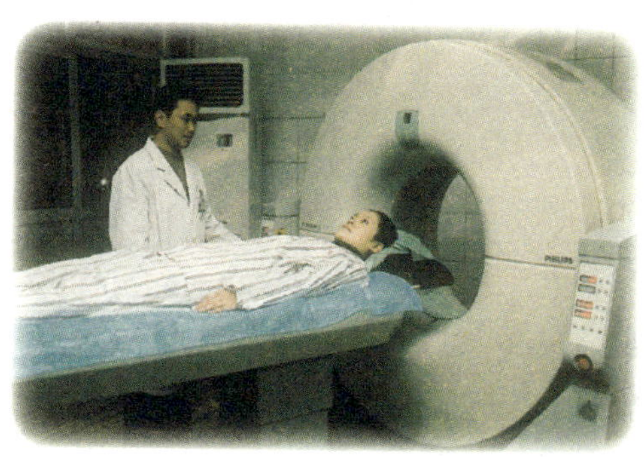

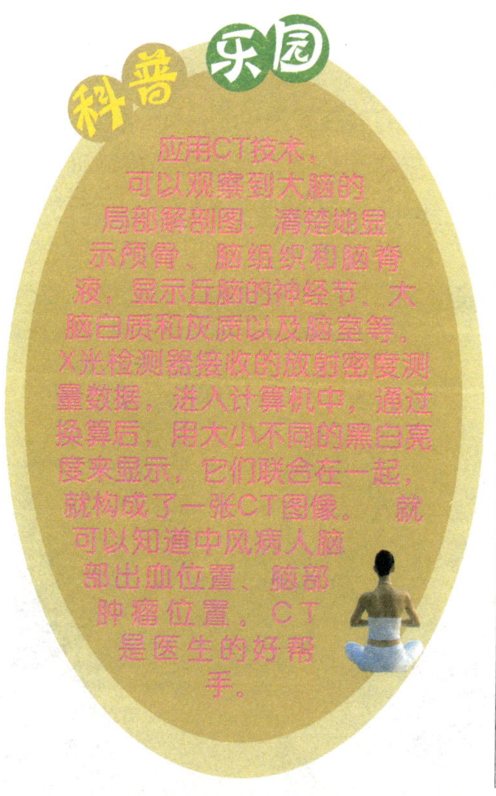

科普乐园
应用CT技术，
可以观察到大脑的
局部解剖图，清楚地显
示颅骨、脑组织和脑脊
液，显示丘脑的神经节、大
脑白质和灰质以及脑室等。
X光检测器接收的放射密度测
量数据，进入计算机中，通过
换算后，用大小不同的黑白亮
度来显示，它们联合在一起，
就构成了一张CT图像。就
可以知道中风病人脑
部出血位置、脑部
肿瘤位置。CT
是医生的好帮
手。

什么是心脏病

病征

心脏病泛指各类与心脏有关的疾病。在各种心脏病当中，冠心病是引致心脏病死亡的主因。这种心脏病的成因是胆固醇层在冠状动脉内壁积聚，令动脉管腔收窄，以致心肌的血液供应减少，导致运动时出现心绞痛。

患有冠心病的患者往往会在剧烈运动后产生压迫性的心绞痛，痛楚可扩散至手臂、肩膀、颈部和下颚，但休息后便会有所好转。病患在心脏病发时，心绞痛的程度会加剧，时间也会延长。其他可能出现的病征包括心律紊乱、晕眩、出汗、恶心和四肢无力，心脏衰竭的病患更会呼吸短促和双脚水肿。

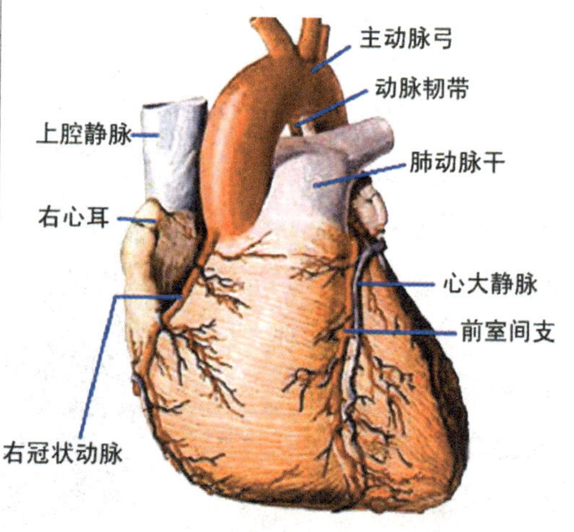

高危原素

冠心病的高危原素很多，其中不少都可以避免或控制，包括高血压、高血脂、吸烟、糖尿病、过度肥胖、缺乏运动和长期受到压力。家族成员曾患有心脏病，也会增加患病风险。

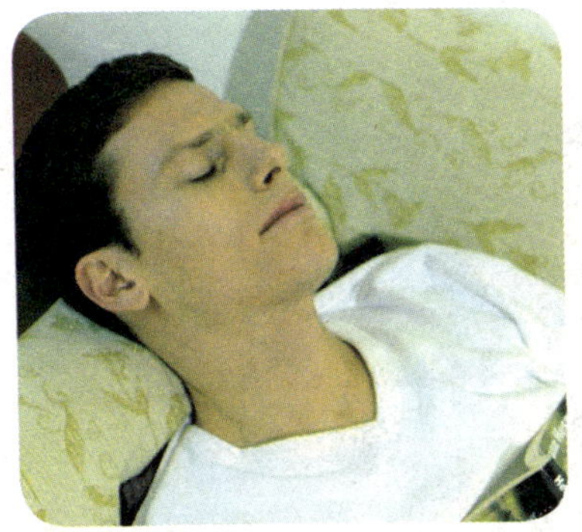

预防方法

要预防冠心病，绝对不要吸烟，并应保持均衡饮食，减少进食高胆固醇和高动物脂肪的食物。经常运动和保持适当的体重也有好处。若患有高血压或糖尿病等潜在病症，则应接受适当治疗。

为什么阑尾总是爱发炎

阑尾发炎，一般人常说是盲肠炎。其实，这是两种病。

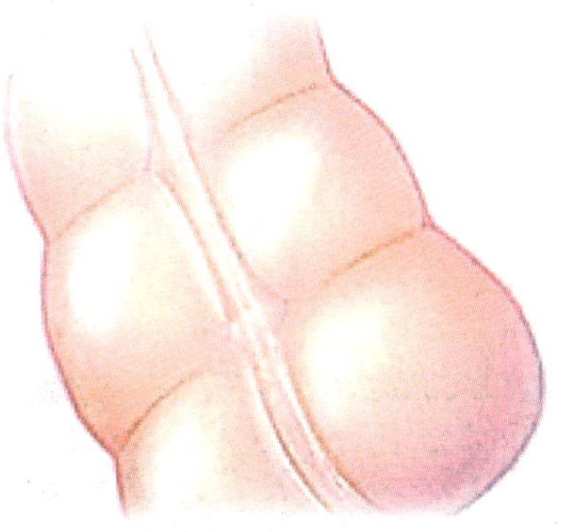

先从解剖学说起。人的肠子大致分成大肠和小肠两部分。小肠是吸收营养的，大肠则主要是吸收水分的。小肠与大肠的交界，几乎是个直角形，小肠呈垂直进入大肠，交界处叫做回盲部，这个部位正好在右下腹部。

回盲部在构造上有几个特点：

第一，大肠的起点是个盲端，也就是“死胡同”，这是因为小肠与大肠并不是端对端的连接，而是在大肠起端靠下一些的地方进入。所以大肠的起点就成了盲端，称为盲肠。

第二，大小肠交接处，有一个肉质的瓣膜，这个瓣膜是个活门，又是单向活门，只让小肠中的食糜渣滓进入大肠，而不让大肠中的内容物回流入小肠。这样，已经开始变成粪便的大肠内容物，就不能回流，因为大肠里是有细菌的，而小肠没有。

第三，在盲肠这条死胡同的末端，还带有另一条细长形的小死胡同——阑尾。

阑尾大约6~9厘米长。就是它容易发炎，这叫阑尾炎。阑尾炎发作时，右下腹部疼得厉害，有时需要开刀做手术，把阑尾割掉。

为什么阑尾爱发炎呢？原来，它是又长又细的死胡同，出口又狭。如果粪渣、粪块掉到里面去，就不容易再出来。粪块常带有细菌，这一来，细菌在阑尾里作怪，就发起炎来。除粪块外，寄生虫(如蛔虫)、虫卵也容易进入阑尾引起炎症。

什么是炭疽病

炭疽病临床特征

炭疽，是由炭疽杆菌所致的人畜共患传染病。原系食草动物(羊、牛、马等)的传染病，人因接触这些病畜及其产品或食用病畜的肉类而被感染。临床上主要表现为局部皮肤坏死及特异的黑痂，或表现为肺部、肠道及脑膜的急性感染，有时伴有炭疽杆菌性败血症。

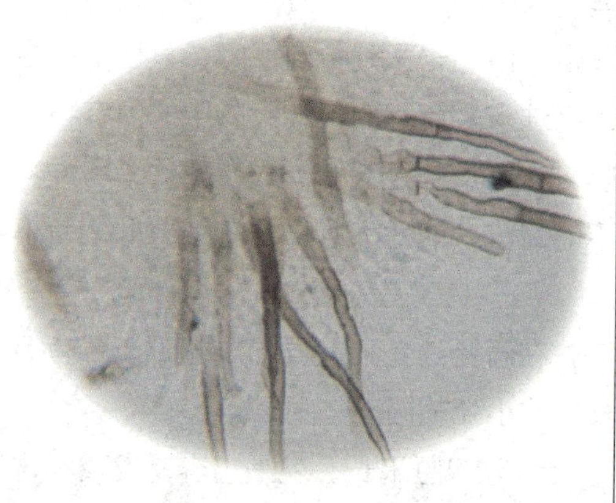

传染源

主要为患病的食草动物，如牛、羊、马、骆驼等，其次是猪和狗，它们可因吞食染菌食物而得病。人直接或间接接触其分泌物及排泄物可感染。炭疽病人的痰、粪便及病灶渗出物具有传染性。

传播途径

1.经皮肤黏膜。由于伤口直接接触病菌而致病。病菌毒力强可直接侵袭完整皮肤。

2.经呼吸道。吸入带炭疽芽胞的尘埃、飞沫等而致病。

3.经消化道。摄入被污染的食物或饮用水等而感染。

人群易感性

人群普遍易感，但多见于农牧民、屠宰、皮毛加工，兽医及实验室人员。发病与否与人体的抵抗力有密切关系。

流行特征

在动物和人群间发病有一定关系，造成家畜流行的诸因素也与人群中流行的因素有关。本病世界各地均有发生，夏秋发病多。

耳朵流脓是什么症状

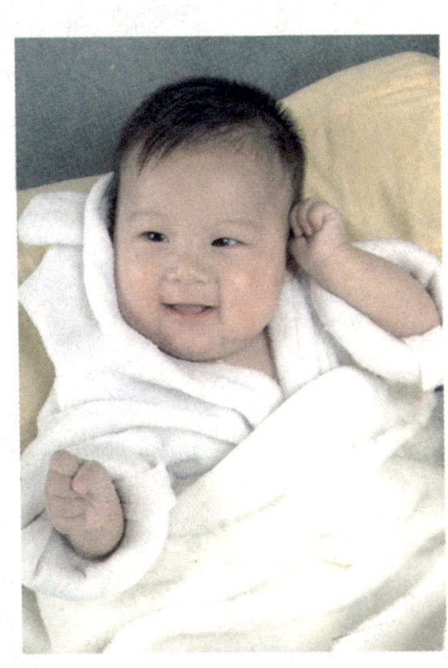

耳内流脓多为中耳炎的表现，急性化脓性中耳炎的病人典型的病史是在感冒后出现耳部剧烈的疼痛，但耳流脓后疼痛反而明显减轻。感冒后即出现耳内流脓，量多，且一般无臭味者，多为慢性中耳炎的症状。但在持续性发作，不易痊愈，量少，且有臭味，或者伴有头痛时要考虑是否为胆脂瘤型中耳炎或者肉芽性中耳炎，此时多需要手术治疗。伴有耳内流血，头痛时还要警惕中耳癌的可能。耳内流清水样分泌物可以为普通中耳炎，也可以为结核引起。外耳道炎亦可以出现耳内流水，外耳道疖肿的病人在耳内流脓前可能有明显的耳廓牵拉痛。